JN184287

失われゆく植物たち
長野県
レッドデータ
植物図鑑
土田 勝義 編著
信濃毎日新聞社

出版にあたって

自然は移り変わっていくとはいえ、40億年という地球の生命の歴史の中で、今ほど変化の激しい時期はない。このことは、世界自然保護連合が1966年に、地球上の絶滅のおそれのある生物種の「レッドデータブック」を世に出して明らかになった。日本ではだいぶ遅れたが、当時の環境庁が初めて、絶滅のおそれのある野生生物のレッドデータブックを発行した。その結果、国内の絶滅のおそれのある野生植物は、全体の25％以上に上ることが分かった。

自然が豊かな信州ではどうであろうか。信州の自然の状況を知り、保全を図るには、基礎資料である長野県版レッドデータブックが必要である。担当の長野県自然保護課に、何度もその作成をお願いした。県も、自然との共存を掲げた長野冬季オリンピック（1998年）が終わり、自然保護への関心も高かったので、ついに作成が決まった。1年間の準備期間には打ち合わせを重ね、作成委員会が発足して体制が整った。1996年に長野県自然保護研究所（2004年に長野県環境保全研究所に改組）が開所し、研究員の方々のサポートも多く得られた。植物分野の作成委員会は、私が植物専門部会長として取りまとめ役を務めた。

2年がかりで長野県版レッドデータブック維管束（いかんそく）植物編（2002年）が完成。さらに、非維管束植物・植物群落編（2005年）も発行された。ただ、これらは専門性の高い文字のみのリストが中心であった。一般の県民に広く理解し、使ってもらえるものではなかったため、分かりやすいカラー図鑑を出版することも提案したが、レッドデータブックの作成に力を注いで力を出し尽くしてしまったこと、また、費用も壁となって断念せざるを得なかった。

レッドデータブックの刊行から10年を経て、自然環境をとりまく変化を踏まえて改訂を要望したものの、すぐには予算が付かなかった。が、2012年の施策「生物多様性ながの県戦略」に重点課題として盛り込まれたことを受け、ようやく2014年にレッドリスト植物編という形で改訂が実現した。

この約10年の間に、どのような変化があっただろうか。これを機に、私はあらためてレッドデータ維管束植物のカラー図鑑を企画し、信濃毎日新聞社の協力を得て、本書を出版することができた。レッドリストに掲載されている植物リストは約900種となるが、紙数の都合上、本書ではそのうち210種を取り上げた。

本書は、長野県レッドデータブックやレッドリストの内容を多くの人に理解してもらい、活用してもらうための図鑑である。長野県の自然保全のため、ひいては長野県の貴重な財産である自然を後世に残していくために役立つことを願いたい。最後に、レッドデータブック、レッドリストの作成に関わった多くの研究者や県民の皆さんに謝意を表したい。

2017年７月

土田 勝義

目次

本書の見方

1．本書で掲載された植物は、筆者らが直接撮影したものである。そのため、比較的目にすることができるものが多いが、掲載写真の一部は許可を受けた調査の際に撮影した写真がある。また、一部には植物園、山野草園の植栽品、栽培品がある。

2．掲載順は植物分類学的配列でなく、分かりやすくするため「生育地の環境」ごとにまとめた。すなわち、掲載順に「里地（田畑、路傍、土手など）」「水辺・湿地」「里山」「草原」「森林」「岩場」「高山」とした。なお、植物によっては環境をまたいで生育するものもあるが、主に生育する環境に属して掲載した。各生育環境においては、科のアイウエオ順に掲載した。

3．植物の説明は、「種名（別名）」「学名」「長野県と環境省のレッドリストのカテゴリー」「生活形」「花の色」「生育地」「分布（県内、国内）」「特徴」「絶滅危惧の要因」「類似種」とした。特徴は主なるものを挙げたので、詳しくは他の図鑑などを参考にしていただきたい。種名、学名、科名については、長野県版レッドリスト（2014年）に拠（よ）った。科名について、分子系統学的手法に基づくAPG分類体系で、長野県版レッドリストと異なる科名が提唱されているものについては、かっこ内にAPG分類体系の科名を付記した。

レッドリストのカテゴリー定義

CR：絶滅危惧IA類	EN：絶滅危惧IB類	VU：絶滅危惧II類
NT：準絶滅危惧	N：留意種	DD：情報不足

※図鑑に登場するもののみ。詳細は p9

4．県内分布は、3分割（北部、中部、南部）、4地域（北信、東信、中信、南信）、市郡広域（木曽、諏訪、大北など）とした。分布が限られたものは市町村名で示した。北信とは長野市を中心とした県東北部、東信は県東部、中信は松本・安曇野・大町・木曽を一帯とする県西部地域、南信は諏訪・伊那・飯田地域を指す。これらについては次ページの「長野県の地域区分」を参照していただきたい。

長野県の地域区分
北信
北信地域
野沢温泉村
飯山市
下水内郡
栄村
木島平村
信濃町
上水内郡
飯綱町
中野市
下高井郡
山ノ内町
小布施町
上高井郡
高山村
須坂市
長野地域
上水内郡
小川村
長野市
千曲市
埴科郡
坂城町
上小地域
小谷村
北安曇郡
白馬村
大北地域
大町市
池田町
松川村
生坂村
北安曇郡
麻績村
東筑摩郡
筑北村
小県郡
青木村
上田市
東御市
軽井沢町
北佐久郡
小諸市
御代田町
東信
北佐久郡
立科町
佐久市
佐久地域
小県郡
長和町
佐久穂町
中信
安曇野市
松本地域
松本市
山形村
東筑摩郡
朝日村
塩尻市
諏訪郡
下諏訪町
岡谷市
小海町
北相木村
南佐久郡
南相木村
南牧村
川上村
茅野市
諏訪市
原村
諏訪郡
富士見町
諏訪地域
木曽地域
木祖村
木曽町
王滝村
木曽郡
上松町
大桑村
南木曽町
辰野町
上伊那郡
箕輪町
南箕輪村
南箕輪村飛地
宮田村
上伊那郡
伊那市
駒ヶ根市
飯島町
上伊那郡
中川村
上伊那地域
松川町
高森町
下伊那郡
豊丘村
大鹿村
南信
喬木村
阿智村
飯田市
下條村
下伊那郡
泰阜村
平谷村
阿南町
売木村
天龍村
根羽村
飯伊（下伊那）地域

長野県のレッドデータブックとレッドリスト植物編について

1. レッドデータブックとは

レッドデータブック（RDB）は、絶滅のおそれのある野生生物の生育状況や、その要因などを記載したものである。その先駆けは、国際自然保護連合（IUCN）が1966年、世界の絶滅や絶滅の恐れのある動植物を示したものが最初である。表紙の色が危険を表す赤色なのでレッドデータブックと呼ばれている。一方、レッドリストは、絶滅のおそれのある野生生物の名前、カテゴリーをリスト形式にまとめたものをいう。

日本では、環境省が日本の野生生物について、環境庁当時の1995年にレッドデータブックを出版している。その後レッドリストの改訂が行われ、最新版のレッドリストの発刊は2014～15年となっている。なお、日本各地で地域の状況に合わせた県レベル、あるいは市町村レベルでのレッドデータブックの作成が望まれた。

2. 長野県のレッドデータブックとレッドリスト植物編

長野県では環境基本計画（1997年）に基づき、翌98年に長野県版レッドデータブック作成委員会が設けられ、レッドデータブックの作成が始まった。「植物」「脊椎動物」「無脊椎動物」の3部会で、6年計画でスタートした。2002年から動植物のレッドデータブックが順次発刊されている。植物編は2002年に維管束植物編、2005年に非維管束植物編、植物群落編が発刊された。

3. 維管束植物編の作成経緯

本書は維管束植物についての内容なので、県版レッドリスト維管束植物編の作成経緯についての概要を示す。

長野県内に生育する維管束植物（被子植物、裸子植物、シダ植物）は約3,000種で、わが国でも有数の種数である。これらが明らかになったのは、長野県の植物の分布や生育状況を知るために民間でつくられた長野県植物誌編纂委員会と、その後を継いだ長野県植物誌資料作成委員会による25年を超える調査、研究の成果である『長野県植物誌』（1997年、信濃毎日新聞社刊）と、「長野県植物誌資料集データベース」による。長野県レッドリスト維管束植物編は、このデータベースを主に利用して作成された。また、その他の情報や現地調査のデータも使用された。

4. レッドリスト植物編の改訂

レッドデータブック維管束植物編発刊後、新しい知見も重なり、ほぼ10年後に見直されて、レッドリスト植物編の改訂版（3分野を含む）が2014年に発刊された。この改訂では、絶滅のおそれのある種が45種増加するなどの変更があり、絶滅18種、野生絶滅1種、絶滅のおそれのある種638種がリストアップされた。

長野県版レッドリスト植物編のカテゴリー

長野県版レッドリスト（2014年）では、絶滅の危険度を示す基準として、環境省のレッドリストカテゴリー（環境省2012）を準用し、長野県レッドリストカテゴリー定義を定めている＝**表1**。

このカテゴリーでは、絶滅の危険性の高いものから絶滅危惧IA類（CR）、絶滅危惧IB類（EN）、絶滅危惧II類（VU）、準絶滅危惧（NT）の順となっている。また、付属資料2「留意種（N）」は、原則として“県内でレッドリストのカテゴリーまたは絶滅のおそれのある地域個体群に該当しない種で、国のレッドリストに記載されているもの”としている。

各カテゴリーの要件についても、環境省版レッドリストカテゴリー（2012年）に準拠しているが、維管束植物については、県内に生育する植物の個体数や減少率の資料が十分に得られてないことを考慮し、カテゴリー評価における定量的基準として、メッシュ数に基づく生育面積を指標とする具体的要件を用いることとしている＝**表2**。このカテゴリー要件で、用いられているメッシュ数は、長野県内の植物分布情報の集積のある5倍メッシュを指している（約5km四方のメッシュで、全県で614メッシュとなる）。

表1　長野県版レッドリストにおけるカテゴリーの定義

<table>
<tr><th></th><th></th><th>カテゴリー</th><th>基本概念</th></tr>
<tr><td colspan="3">絶滅
Extinct (EX)</td><td>長野県内において絶滅した考えられる種</td></tr>
<tr><td colspan="3">野生絶滅
Extinct in the Wild (EW)</td><td>飼育・栽培下でのみ存続している種</td></tr>
<tr><td rowspan="5">絶滅危惧
THREATENED</td><td rowspan="2">絶滅危惧I類
(CR+EN)
長野県内において絶滅の危機に瀕している種
現在の状態をもたらした圧迫要因が引き続き作用する場合、野生での存続が困難なもの</td><td>絶滅危惧IA類
Critically Endangerd (CR)</td><td>ごく近い将来における野生での絶滅の危険性が極めて高いもの</td></tr>
<tr><td>絶滅危惧IB類
Endangerd (EN)</td><td>IA類ほどではないが、近い将来における野生での絶滅の危険性が高いもの</td></tr>
<tr><td>絶滅危惧II類
Vulnerable (VU)</td><td>絶滅危惧II類
Vulnerable (VU)</td><td>長野県内において絶滅の危険が増大している種</td></tr>
<tr><td colspan="2">準絶滅危惧
Near Threatened (NT)</td><td>長野県内において存続基盤が脆弱な種
現時点での絶滅危険度は小さいが、生息条件の変化によっては「絶滅危惧」として上位ランクに移行する要素を有するもの</td></tr>
<tr><td colspan="3">情報不足
Data Deficient (DD)</td><td>長野県内において評価するだけの情報が不足している種</td></tr>
</table>

●付属資料1

カテゴリー	基本概念
絶滅のおそれのある地域個体群 Threatened Local Population (LP)	長野県内において地域的に孤立している個体群で、絶滅のおそれが高いもの

●付属資料2

カテゴリー	基本概念
留意種 Noteworthy (N)	長野県内において絶滅危惧の対象種ではないが、特殊な事情を有するため、留意するべき種

表2 長野県レッドリスト（維管束植物編）におけるカテゴリーの具体的要件

カテゴリー	基本概念
絶滅（EX）	⑴既知の生育地で確実に絶滅が確認された種 ⑵過去に標本が採取されているが、過去30～50年間に確認も標本の採取もなされておらず、絶滅したと考えられる種
野生絶滅（EW）	過去に長野県で生育したことが確認されており、栽培下では存続しているが、野生では既に絶滅したと考えられる種
絶滅危惧IA類（CR）	⑴出現メッシュ数が1の種 ⑵生育地が1～2ヶ所で、いずれの生育地においても個体数が少ない種 ⑶生育地は3ヶ所以上あるが、生育地が明らかとなると採取圧等により絶滅の可能性が高い種 ⑷生育地（既に保護対策がとられている場合を含む）の環境変化が生じやすく、絶滅のおそれが高い種 ⑸過去30～50年間に標本が採取され、その後信頼できる情報に欠けるが、現在も生存の可能性があると考えられる種
絶滅危惧IB類（EN）	⑴出現メッシュ数が、2～5の種 ⑵現在の生育環境がさらに悪化すると、極端に個体数が減少するか、絶滅のおそれが高い種 ⑶採取圧によって個体数が減少し、絶滅のおそれが高い種 ⑷生育地は保護されているが、個体数が少ない種（高山植物を含む）
絶滅危惧II類（VU）	⑴出現メッシュ数が、6～10の種 ⑵絶滅危惧Ⅰ類ほどではないが、生育地の環境変化等により、個体数が次第に減少していると思われる種
準絶滅危惧（NT）	⑴出現メッシュ数が、11以上の種 ⑵生育地において、生育環境の悪化、採取圧などにより、種の存続が圧迫され、今後さらに個体数の減少が進行するおそれのあると思われる種
情報不足（DD）	絶滅危惧のカテゴリーに移行する可能性を有しているが、生育状況をはじめとして、カテゴリー評価を行うための情報が不足している種

絶滅危惧種を守る意義

絶滅危惧種は「絶滅のおそれのある生物種」であり、現在の圧迫要因が続けば、その存続が困難なものとされている。

地球の40億年の生命の歴史においては、種の絶滅は普通に起きていた。しかし、人間活動がかつてないほど増大した現代では、生物や、生物の生息環境に与える影響は大きく、それによる絶滅が急速に起きている。また、今絶滅にさらされている生物が多数ある。レッドデータブックはその実態を調査し、どのような生物がどのような絶滅の危機にさらされているか――を明らかにし、さらに、その原因を突き止めて生物の存続を図ろうとする基礎的な資料である。これは地球レベルや、国、県、市町村などの地方レベルでも調べられつつある。

地球レベルでは1975～2000年の間に、毎年4万種が絶滅されたといわれている。その原因は土地開発、人口の増加、乱獲、農薬などほとんどが人間活動によるものである。

「絶滅危惧種を守る」ことについて、環境省は以下のように説明している。

●種は生命の長い歴史の結晶

人間を含む全ての生物は地球とともに長い時間をかけて今のような形となった。生物の種は生命の長い歴史の結晶であり、それ自体かけがえのない価値を持っている。

●多様な生物に支えられる私たちの暮らし

私たちの暮らしは、多様な種が関わり合いながら形成する、自然の恵みに支えられている。複雑なバランスから成り立っている自然を守るためには、一つ一つの種を絶滅から守っていくことである。

●絶滅危惧種は地球の宝物

絶滅危惧種などの生物の中には、伝承や行事に登場したり、その土地の産業の中心となったりするなど、地域の文化と密接に結びついた種もある。これらの象徴的な種の保全は、地域のアイデンティティーを見つめ直すことにつながる。

長野県の植物の生育環境

長野県で植物が生育している環境として「自然環境」と「人為的環境」がある。特に自然環境は他県と比べて多様性に富んでいるため、生育する植物も多様で、固有種も多い。

1. 自然環境

長野県は中部地方にあり、南北約212km、東西約128kmと南北に長く、広大な面積を有する。また多くの山岳が各地にそびえている。そのため気候、地形、地質などの自然環境は非常に多様で、このような環境の下で多様な植物や多数の固有種が生育している。

(1) 気候

年平均気温が12℃を超す暖かい地域は、木曽川、天竜川の下流域、犀川、千曲川流域の一部である。9～10℃の地域は盆地、平野部となっている。8～10℃のやや寒冷な地域は山麓部、さらに寒冷な6～8℃の地域は山岳の高い標高に帯状に広がっている。もっとも、寒冷な地域は高山帯や北信東部の山岳に局地的に見られる。このように、長野県の気温の分布は、主として緯度の違いと標高の違いによって決められている。

年総降水量は、日本海型気候と太平洋型気候の影響を受け、特に季節的な降水量の違いに現れる。冬季降雪量が多いのは県北部、夏季降水量の多いのは木曽地方と県南部である。降水量が最も少ないのは内陸部となる。山岳地帯では北アルプスが最も多く、順に中央アルプス、南アルプス、八ヶ岳となる。

積雪は10月頃から県北部から始まり、南部に及ぶ。中信や南信の平地では積雪量は少ない。最も積雪の多いのは県北部で、北アルプス地域も多い。平地では3月中旬には雪が解けてしまうが、多雪地域では山岳を除けば4月中旬となる。

(2) 地形と地質

長野県は全国的にみて標高が高い地域である。最低標高は姫川下流の170m、最高標高は北アルプス奥穂高岳の3,190mである。このような山岳地形に囲まれて標高350～700m程度の松本平や善光寺平、上田平、佐久平、伊那谷などの盆地が発達している。その中に天竜川、木曽川、千曲川などの水系が発達している。

山岳は全県に広がり、北アルプス、中央アルプス、南アルプス、八ヶ岳連峰など3,000m級の山々が連なる。アルプス以外にも、標高の高い山岳や高原が各地に見られる。さらに、御嶽山、乗鞍岳、浅間山、妙高火山群などの活火山が散在している。

地質は、長野県は糸魚川（新潟県）から静岡にわたって北西から南東にかけての「糸魚川—静岡構造線」といわれる大断層の西縁を境に、県の南西部と北東部で基盤の地質が分かれる。

前者は、主に中生代以前に形成された古期岩層分布域、後者は新生代新第三紀以降に形成された中期岩層分布帯となっている。また県中北東部は「フォッサマグナ」といわれる地質に属している。特に、県南部の古期岩層は、堆積岩、花崗（かこう）岩、変成岩など多様な岩石からなり、そのなかに石灰岩や蛇紋岩といった特殊な化学組成を有する岩石も含まれている。またフォッサマグナは古生代より現代まで、さまざまな地質活動（特に火山活動）が見られる。このように地質から見ても多様であり、岩石、火山活動などにより、植物の生育に大きな影響を及ぼしている。

2. 人為的環境

長野県では人が生産活動や生活を行っている地域は標高1,300m程度までである。この標高辺りまでは人為的な影響が強く及び、ほとんど本来の自然（原始的自然）が失われており、そこに生育する植物の多くは、人との関係で生育しているものがほとんどである。

また、標高1,300m以上でも、草原（放牧や火入れによる）や二次林（原生林あるいは自然林が伐採によりその後にできた森林や、手を入れている森林）、人工林（植林地）などで人の手が入っている植生があり、人為的な影響で生育している植物がある。原生的な自然（原生林や高層湿原、高山帯の植生など）は、多くはそのまま本来の植物が生育しているが、採取や踏み荒らしなどで失われている植物もある。

人の手が入った自然（植生）は、全く原始的な自然とは変わっているものが多い。例えば、田んぼ、畑、路傍、土手、河畔、公園、庭園など。これらに生育する野生植物は、常に人為の影響、すなわち、耕作、草刈り、野焼き、踏み付け、土地造成などを受けている。そのような環境には人為に適応して生育する植物が多い。

これらは私たちにとって昔から親しんできた身近な植物で、持続的に生育してきた。が、さまざまな原因で人為が放棄されると、逆に自然遷移という現象で、他の植物にとって代わっていく。農薬などによる除草でも、次第に消えて行く。こうした植物の多くが、今は絶滅したり、絶滅が危惧される植物となっている。

このように、現代では人為的影響でかつての植物が失われて絶滅危惧植物となったものや、人為的な影響があること自体で生育しているもの、無くなったことで消えて行くものなど、非常に微妙な自然の姿が存在している。

なお、最近は外来植物の繁茂により、在来植物の生育が阻害されたり、ニホンジカなど野生獣類による植物の採食が各地で広がり、植物の生育に大きな影響を与えている。

絶滅危惧の要因

長野県版レッドリスト（2014年）の維管束植物編で指摘された絶滅危惧の主要因を集計した結果では、最も多くの種で「自然遷移（20%）」が、次いで「園芸採取（10%）」「踏みつけ（9%）」「産地極限（8%）」が挙げられた＝**図１**。

環境省の生物多様性国家戦略（2012年）で指摘される、生物多様性の四つの危機を当てはめると、第1の危機に相当する項目（森林伐採・池沼開発・河川開発・湿地開発・草地開発・土地造成・土地改良・道路工事・ダム建設・園芸採取・乱獲／密猟・踏みつけ・転作）でおよそ50%を占め、次いで第2の危機に相当する項目（自然遷移・管理停止〈草地〉・管理停止〈森林〉・耕作放棄・動物食害）が34%、第3の危機に相当する項目（外来生物・農薬汚染・遺伝子交雑）が3%を占める結果となっている。従って、長野県で絶滅

図1　レッドリスト改訂現地調査で指摘された絶滅危険性の主要因（維管束植物）＝長野県版レッドリスト植物編2014を基に作成

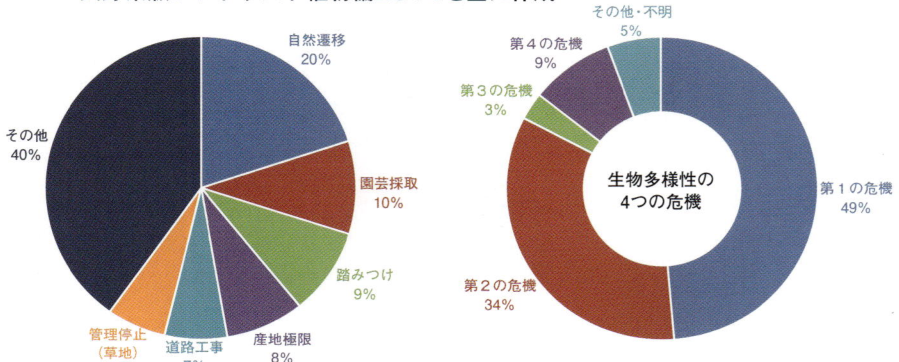

のおそれのある植物の危険性の要因としては、依然として、生育地の破壊や劣化、また、植物の過度の採取が多くを占めるものの、里地・里山地域の農耕地、半自然草原、二次林など、人の手が入った自然の植生変化も、大きな要因となっている。

また、絶滅の危険性の要因として「産地極限」が多いことも、長野県レッドリストでは特徴的である。長野県では中部山岳の高山帯に分布する高山植物や高層湿原性の植物などに代表される“元来生育域が非常に限定されている植物”が多数知られる。これらの植物は、限られた生育地のわずかな改変でも、絶滅の危険性が急激に増大するため、産地極限であることが絶滅の危険性の要因として多く指摘されている。

県内で絶滅のおそれのある植物が集中して分布している地域は、北アルプス北部（白馬岳周辺）、八ヶ岳、下伊那地方南部および中信高原周辺などに

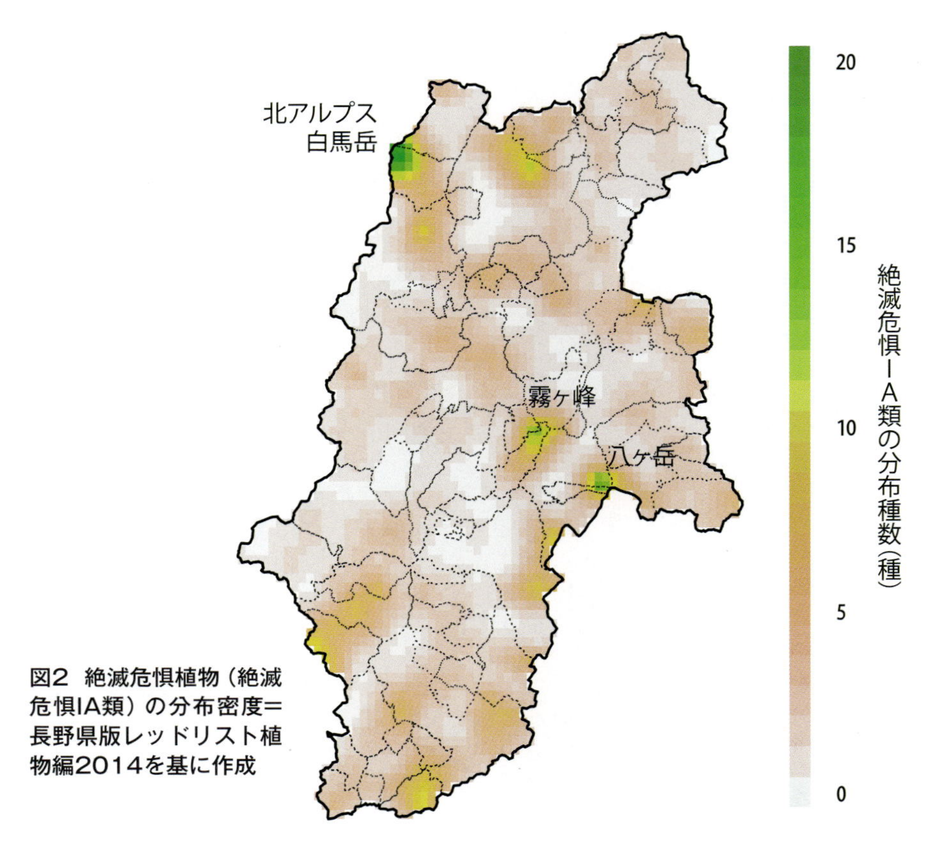

図2 絶滅危惧植物（絶滅危惧IA類）の分布密度＝長野県版レッドリスト植物編2014を基に作成

見られる。これらの地域のうち、下伊那地方南部は、暖地性の植物の分布境界に位置し、県内では希少性の高い種が分布すること、また北アルプス北部、八ヶ岳周辺では、高山性の植物を中心に固有種の多い地域であることを、主として反映しているものと考えられる。

また、2002年の県版レッドデータブックと比較して、2014年の改訂で絶滅のおそれが増大した種が集中する地域は、中信高原周辺を除いて特定の山岳域ではなく、里地・里山周辺に多くが認められる＝**図3**。これは、2014年の改訂で、半自然草原や水域、あるいは水田や畦畔（けいはん）、半自然草原（野草地）などに生育する種が比較的多く新規に追加されたり、カテゴリー変更（絶滅の危険性が増大）されたりしたことを反映したものと考えられる。“生物多様性　第2の危機”が、長野県の植物に迫っていることを感じさせる。

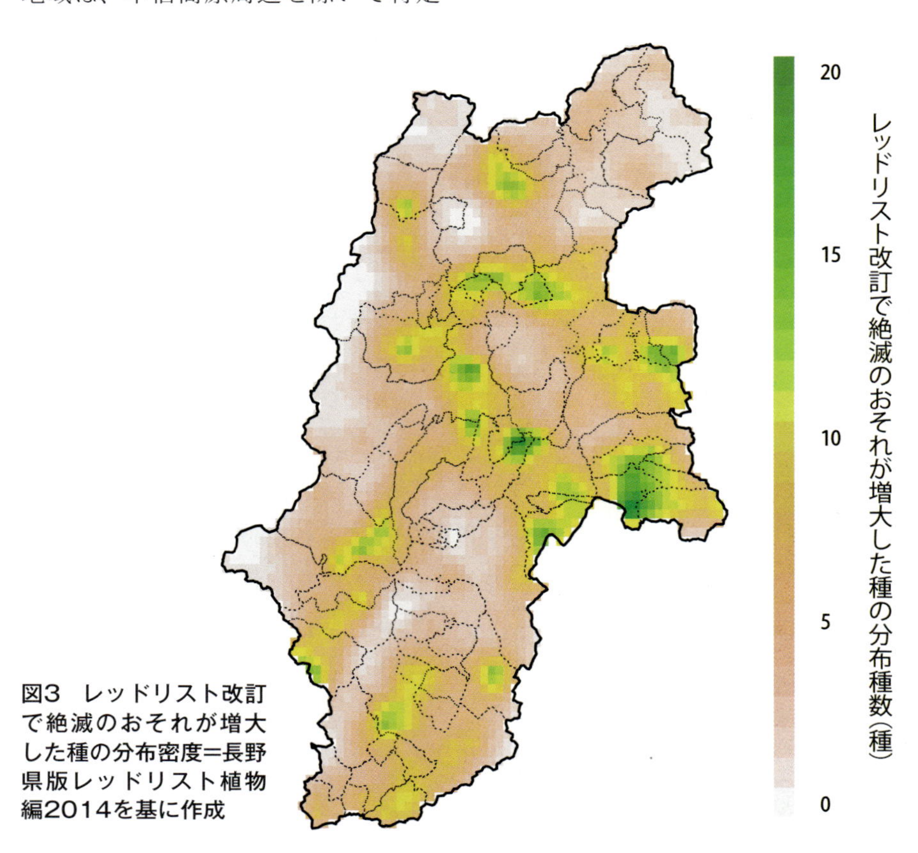

図3　レッドリスト改訂で絶滅のおそれが増大した種の分布密度＝長野県版レッドリスト植物編2014を基に作成

図鑑 里地

里地とは、人の生活範囲にあり、常に人の影響を受けている田んぼ、畑、路傍、土手、公園、空地などである。

どこにでも植物が生えているが、これらは昔から人々と共に生きてきた。春や秋の七草、お彼岸や仏壇の献花、食用、生活用品の材料、薬草など、身近な在来の植物が暮らしの中に生かされ、文化となっていた。特に、田畑は人手による除草、土手や空地の雑草は草刈り、火入れなどが季節に応じて行われてきた。

こうした行為によって、そこには特有の植物が生育してきた。しかし、高度成長時代から、人手をかけずに農薬による強力な除草が行われ、今ではかつての水田雑草、耕地雑草類はほとんど見られなくなった。

時代の変化に伴い、昔は普通に生えていた植物が生育できなくなって、絶滅危惧植物の仲間入りをしている。さらに、人の行為によってもたらされた外来植物は、在来の植物の生育地を奪い、駆逐して、今では里地のほとんどの植物が外来植物となっている。

里地

ウマノスズクサ　ウマノスズクサ科

Aristolochia debilis

長野県	VU
環境省	—

生活形　多年草

花の色　黄緑色

高　さ　1m

生育地　道端、耕作地の縁、川の土手など、日当たりの良い人為的な環境

分　布　北信、中信、南信。東北地方以南

特　徴　茎はつるになる。葉は粉白色を帯びた三角状で互生。花は花弁がなく、萼（がく）が筒形をした左右相称の花をつける。ジャコウアゲハの食草。花期は6～8月。

危惧要因　開発、踏みつけなど

ウマノスズクサを食草とする外来蝶のホソオチョウ

アズミノヘラオモダカ　オモダカ科

Alisma canaliculatum var. *azuminoense*

長野県	CR
環境省	EN

生活形 多年草
花の色 白色
高　さ 20 ～ 30㎝
生育地 水田、休耕地、水辺
分　布 中信
特　徴 ヘラオモダカに似ているが、根出葉より下に花をつける。茎に花茎を3 ～ 5個つける。安曇野市で1984年に発見された。花期は7 ～ 9月。
危惧要因 環境の変化、農薬
類似種 ヘラオモダカは葉より上に花をつけ高さは80㎝を超す。花茎は3個。

ヘラオモダカ

果期

カントウタンポポ　キク科

Taraxacum platycarpum

長野県	EN
環境省	—

生活形　多年草

花の色　黄色

高　さ　20 ～ 30㎝

生育地　人里近くの道端や草原など

分　布　県中部、南部、関東地方

特　徴　普通夏には枯れる冬緑型。葉は根生葉のみ。頭花は径約3.5㎝。総(そう)苞片(ほうへん)の先に小さな角状の突起がある。花期は4 ～ 5月。

危惧要因　土地の開発、踏みつけなど

類似種　シナノタンポポは長野県と本州中部に分布する。総苞片の先に突起がない。

シナノタンポポ

ミチノクフクジュソウ　キンポウゲ科

Adonis multiflora

長野県	N
環境省	NT

生活形　多年草
花の色　黄色
高　さ　10 ～ 25㎝
生育地　山地帯林下や草地、土手
分　布　全県、本州
特　徴　1茎に多花。外側にある薄茶色の萼片が花弁より明らかに短い。花期は4 ～ 5月。
危惧要因　道路建設、採集、踏みつけ
類似種　フクジュソウ（別掲p22）は萼片が花弁と同長か長い。

フクジュソウ　キンポウゲ科

Adonis ramosa

長野県	NT
環境省	—

生活形　多年草
花の色　黄色
高　さ　10 ～ 20㎝
生育地　山地帯林下や草地
分　布　全県。北海道、本州、四国
特　徴　葉は長柄があり、3 ～ 4回羽状に細裂する。1茎1花から多花。花弁は萼片とほぼ同長。花期は3 ～ 4月。
危惧要因　園芸採取、踏みつけ、土地開発
類似種　ミチノクフクジュソウ（別掲p21）

オキナグサ　キンポウゲ科

Pulsatilla cernua

長野県	EN
環境省	VU

生活形　多年草

花の色　内面は暗紫色、外面は白い毛

高さ　10 ～ 40㎝

生育地　丘陵地から山地帯の日当たりの良い草原

分布　全県。本州から九州

特徴　茎は全体に白色の長い毛が密生。花は花弁がないが、萼片が鐘形の花弁状になり茎の先端に1個つく。花期は4 ～ 5月。

危惧要因　採取圧、草地開発、生育地の自然遷移

里地

イヌノフグリ　ゴマノハグサ科（オオバコ科）

Veronica didyma var. *lilacina*

長野県 VU
環境省 VU

生活形 越年草
花の色 淡紅白色
高　さ 5 ～ 25㎝
生育地 畑・道端の草地や石垣の間など
分　布 全県。本州以南
特　徴 葉は茎の下部では対生、上部では互生。萼にも果実にも全面に短毛が密にある。花は径5㎜。花期は3 ～ 5月。
危惧要因 農薬汚染、踏みつけ
類似種 オオイヌノフグリは外来植物で、花は径1㎝と大きく、青紫色である。

アイナエ　マチン科

Mitrasacme pygmaea

長野県	EN
環境省	―

里地

生活形 一年草
花の色 白色
高　さ 5～10㎝
生育地 日当たりのよいやや湿り気のある草地
分　布 本州～琉球。県北部、南部
特　徴 葉は茎の基部付近にだけ、卵形の葉を2～3対つける。長野県内では、1969年以降確認されていなかったが、2005年に生育が確認された。花期は8～9月。
危惧要因 草地の管理停止、耕作放棄

里地

タヌキマメ　マメ科

Crotalaria sessiliflora

長野県	CR
環境省	—

生活形 一年草

花の色 青紫色

高　さ 20 ～ 70㎝

生育地 平地や丘陵などの日当たりのよい草地や道端

分　布 長野市、大町市、南信。本州（東北地方南部以南）～琉球

特　徴 全体に褐色の長毛がある。葉は単葉でほとんど無柄。豆果は萼に覆われ、熟して2片に裂開する。花期は7 ～ 9月。

危惧要因 生息地の自然遷移、草地の管理放棄

イヌハギ　マメ科

Lespedeza tomentosa

長野県	N
環境省	VU

生活形 半低木
花の色 黄白色
高さ 80～150㎝
生育地 砂地、土手、河原
分布 全県。本州以南
特徴 全体に黄褐色の軟毛がある。茎は直立か斜上し、上部で分枝する。葉は互生し3小葉は楕円形、長さ6㎝、幅3㎝になる。花は長い総状の花序に多数つける。花期は8～9月。
危惧要因 自然遷移、道路工事、外来植物との競合

アマナ　ユリ科

Amana edulis

長野県	VU
環境省	—

生活形 多年草

花の色 白〜薄桃

高さ 15 〜 20㎝

生育地 田畑の畔、土手、草原

分布 北信、中信、南信。本州〜九州

特徴 葉は細長く幅1㎝、長さ40㎝となる。鱗茎(りんけい)は深く地中にある。春によく密生して咲き花茎に普通1個の花をつける。花期は4 〜 5月。

危惧要因 草地の管理停止、耕作放棄、園芸採取

水辺・湿地

ここでは、河原、河畔、流水、湿地、湿原、湖沼、湿性林などに主に生育している植物を取り上げる。

環境が「湿性」というのが共通であるが、その生育地は多様である。かつて、このような環境はあまり開発の手が入らず、自然に任されていた。しかし、近年このような場所でも開発の手が伸び埋め立てられ、切り払われている。河川では護岸工事や砂防工事、ダムの造成で安定した環境が確保されたため、洪水による生育地のかく乱が少なくなり、そのような環境を好む植物は消えて行きつつある。

また、湿性地を好む外来植物も多く、その繁殖力に負けて絶滅危惧種となっているものも多い。また、外来植物は在来種と雑種を作ることもあり、種の存続が危ぶまれている。本章ではかなり多くの絶滅危惧植物を掲載したが、それだけこのような湿性の環境に生育する植物の多くが絶滅の危機にあることが知られる。

オオアカバナ　アカバナ科

Epilobium hirsutum var. *villosum*

長野県	CR
環境省	VU

生活形 多年草
花の色 紫紅色
高　さ 150㎝
生育地 湿原、川岸や谷間の湿地
分　布 上田市。本州（青森・福島・新潟・長野・石川）
特　徴 茎は直立し多く分枝する。葉は上部の葉を除いて対生、無柄、長楕円形～長楕円状披針形、縁に鋸歯（きょし）。花は腋生（えきせい）し、花柱は雄蕊（ゆうずい）より長く先端は4裂する。花期は7～9月。
危惧要因 生育地の植生の自然遷移

カキツバタ　アヤメ科

Iris laevigata

長野県	NT
環境省	NT

生活形 多年草

花の色 青紫色

高　さ 花茎は40 ～ 70㎝

生育地 山地の水辺、水湿地

分　布 全県。北海道～九州

特　徴 葉は中脈がない。花は、径12㎝内外。外花被片の拡大部は楕円形で垂れ、中央から爪部は白～淡黄色。内花被片は倒披針形で直立。花期は5～6月。

危惧要因 生育地の植生の自然遷移、ニホンジカによる採食

キリガミネヒオウギアヤメ　アヤメ科

Iris setosa var. *hondoensis*

長野県	CR
環境省	EN

生活形 多年草
花の色 紫色
高さ 50～80㎝
生育地 高層湿原周辺部の湿地
分布 霧ヶ峰八島ヶ原湿原特産
特徴 茎は分枝する。葉は幅1.5～3㎝。花は大型で径11～14㎝。内花被片は紫色でペン先状、長さ約2.5㎝。外花被片の模様はアヤメに似る。花期は7月。
危惧要因 環境変化、生育地が限定
類似種 ヒオウギアヤメは花の径8㎝、内花被片は白色で長さ1㎝。

ハナノキ　カエデ科（ムクロジ科）

Acer pycnanthum

長野県	VU
環境省	VU

生活形　落葉高木
花の色　紅色
高さ　20 ～ 30m
生育地　山地帯の湿地林内
分布　大町市、南信、木曽。本州（長野・岐阜・愛知）
特徴　冬芽の鱗片は5 ～ 7対で濃紅色。葉は広卵形、長さ2.5 ～ 8㎝、先は浅く3裂し、裂片は重鋸歯縁、裏面は粉白色。雌雄別株。花は紅色で5数性、展葉前に開花。花期は4月。
危惧要因　開発、採取圧、生息地の植生の自然遷移

雄花

葉

ホソバオゼヌマスゲ カヤツリグサ科

Carex nemurensis

長野県	NT
環境省	NT

生活形 多年草

花の色 －

高さ 40 ～ 70㎝

生育地 高層湿原

分布 県中部、東部。北海道～本州中部以北

特徴 叢生（そうせい）し、葉は濃緑色で、幅2～3㎜。小穂は花序の軸にまばらにつく。

危惧要因 湿原の開発、生育地の自然遷移

トダイハハコ　キク科

Anaphalis sinica var. *pernivea*

長野県	NT
環境省	VU

生活形 多年草
花の色 白色
高　さ 10～30㎝
生育地 石灰岩地の岩場や岩礫地
分　布 東信、南信。本州（長野県・山梨県）
特　徴 全草に白綿毛が密生している。雄花だけの株と、多数の雌花と少数の雄花が混じる両性花とがある。茎葉は倒披針形で無柄。茎の上部に楕円状の頭花を集まってつける。花期は6月下旬～10月上旬。
危惧要因 自生地の改変、自生地が限定

ツツザキヤマジノギク　キク科

Aster hispidus var. *tubulosus*

長野県	CR
環境省	—

生活形　越年草
花の色　薄紫色
高　さ　50 ～ 100㎝
生育地　人里近くの河原、土手、草原
分　布　南信。長野県
特　徴　多くは長い花筒をつくりヤマジノギクの変種。花冠は多型で同一個体に不分裂～ 3深裂が混じる。花期は8 ～ 11月。
危惧要因　河川開発、草地の管理放棄、生育地が限定

キセルアザミ　キク科

Cirsium sieboldii

長野県	VU
環境省	—

生活形 多年草
花の色 紅紫色
高　さ 40 ～ 120㎝
生育地 山地帯以下の湿原や湿地、草原の水流のそば
分　布 諏訪地方、県最南部。本州、四国、九州。日本固有
特　徴 別名マアザミ。根生葉は長楕円形状倒披針形で長さ15 ～ 50㎝、羽状中深裂。頭花は長柄の先に下向きにつき、花後上向く。総苞（そうほう）は長さ15 ～ 17㎜、幅約1㎝。花期は9 ～ 10月。
危惧要因 湿原湿地の開発、踏みつけ、植生遷移

ミズギク　キク科

Inula ciliaris var. *ciliaris*

長野県	EN
環境省	—

生活形 多年草

花の色 黄色

高さ 25～50㎝

生育地 山地帯～亜高山帯の湿地

分布 山ノ内町。本州（近畿地方以北）、九州（宮崎県）

特徴 茎は直立し、葉とともに長毛が密生する。根生葉はさじ形で花時にも残る。茎葉は基部茎を抱き、裏面に腺点がない。頭花は茎頂に単生し、径3～4㎝。総苞外片の背は有毛。花期は6～10月。

危惧要因 個体数が少ない。湿地の開発、湿地植生の遷移

類似種 変種のオゼミズギク（別掲p39）は中上葉の裏面に腺点が多い。

オゼミズギク　キク科

Inula ciliaris var. *glandulosa*

長野県	EN
環境省	—

生活形 多年草

花の色 黄色

高さ 30 ～ 50㎝

生育地 山地の湿原

分布 北信。本州（長野県北部、尾瀬、東北）

特徴 茎の中上部の葉の裏面に、腺点が多いことで区別される、ミズギクの変種。頭花は茎頂に一花。花期は6 ～ 10月。

危惧要因 湿地の開発、湿地植生の遷移、生息地が限定

類似種 ミズギク（別掲p38）は葉の裏面に腺点がない。

カワラニガナ　キク科

Ixeris tamagawaensis

長野県	VU
環境省	NT

生活形 多年草
花の色 黄色
高　さ 15 ～ 30㎝
生育地 日当たりのよい河原の砂礫地
分　布 県西北部、中部、南部。本州（中部地方以北）
特　徴 茎は直立、冠水後は主茎が倒れる。根生葉は多数で線形か線状披針形。総苞外片は長さ約3㎜、内片は10個。花期は5 ～ 11月。
危惧要因 生育地の環境変化（河原の洪水の減少など）

キリガミネトウヒレン　キク科

Saussurea kirigaminensis

長野県	NT
環境省	—

生活形 多年草
花の色 紫褐色
高　さ 30 ～ 60㎝
生育地 山地の湿った草原
分　布 県中部、東部。本州
特　徴 旧名ネコヤマヒゴタイ。下部の葉は15 ～ 25㎝で細長い。頭花は少数、総苞は長さ9㎜でくも毛がある。花冠は紫色で長さ9㎜。花期は8 ～ 10月。
危惧要因 土地造成、自然遷移

イヤリトリカブト キンポウゲ科

Aconitum japonicum subsp. *maritimum* var. *iyariense*

長野県	CR
環境省	CR

生活形 生活形多年草
花の色 青紫色
高さ 100 ～ 300㎝
生育地 山地帯多雪地域の湿地や小川に沿った所
分布 大町市、長野市、上田市。本州
特徴 茎は分岐してつる状に伸びる。葉身は掌状に3つに深裂し、縁は鋸歯状になる。花はかぶと状で、花柄には曲がった毛が生える。開花期は9～10月。
危惧要因 湿地の開発、植生の遷移、踏みつけなど
類似種 花柄に屈毛があるツクバトリカブトの茎は直立するものが多い。

エンコウソウ　キンポウゲ科

Caltha palustris var. *enkoso*

長野県	VU
環境省	—

生活形　多年草

花の色　黄色

高さ　30 ～ 40㎝。横に這う。

生育地　小さな浅い池の中や湿地

分布　主に中南信。北海道、本州

特徴　根生葉には長い柄があり、葉身は心形。花期は5 ～ 6月。茎ははじめ直立しているが、花が終わると曲がって倒れるように地につき、節より根を出して芽をつける。茎頂に萼片が花弁状になった径2㎝の花をつける。花期は4 ～ 6月。

危惧要因　水辺や湿地の開発、植生の遷移、園芸採取

類似種　リュウキンカはエンコウソウより小形で、茎は直立する。

リュウキンカ

オニシオガマ　ゴマノハグサ科（ハマウツボ科）

Pedicularis nipponica

長野県	VU
環境省	—

生活形　半寄生多年草

花の色　淡紅紫色

高　さ　40～100㎝

生育地　山地帯～亜高山帯の湿地

分　布　県北部。本州（中部地方以北、日本海側）

特　徴　茎は分枝せず、全体に白毛が密生する。葉は対生、4～6枚が根際につき羽状に全裂する。茎の先に花穂をつける。花冠上唇は舟型、下唇は3裂して広がる。花期は8～9月。

危惧要因　園芸採取、踏みつけなど

カワヂシャ　ゴマノハグサ科（オオバコ科）

Veronica undulata

長野県	NT
環境省	NT

生活形 越年草
花の色 白色で淡紅紫色の筋が入る
高　さ 20 ～ 60㎝
生育地 水田の溝や川岸
分　布 北信、東信、中信。本州～琉球
特　徴 葉は対生し、長さ4 ～ 7㎝で半ば茎を抱き、鋸歯がある。総状花序に多数の小さな花がつく。果実は球形で径3㎜。花期は5 ～ 6月。
危惧要因 管理放棄、自然遷移。オオカワヂシャとの生育地の競合
類似種 オオカワヂシャは外来植物で、葉の鋸歯が目立たない。両者の雑種が見られる。

オオカワヂシャ

ヤナギトラノオ　サクラソウ科

Lysimachia thyrsiflora

長野県	NT
環境省	—

生活形 多年草

花の色 黄色

高　さ 30 ～ 60㎝

生育地 寒冷地の湿地

分　布 県北部。北海道～本州（中部地方以北）

特　徴 葉柄がなく、披針形で長さ5～7㎝の葉を対生する。葉腋に2～3㎝の総状（そうじょう）花序を伸ばして花をつける。花冠は深く6～7裂し、裂片は線形。花期は6～7月。

危惧要因 池沼開発など

サクラソウ　サクラソウ科

Primula sieboldii

長野県	VU
環境省	NT

生活形　多年草
花の色　桃色
高さ　20 ～ 30㎝
生育地　山地の湿性地
分布　全県。北海道、本州、九州
特徴　全体に白色の縮れた長毛が生える。葉には葉身の1 ～ 4倍の長い柄があり、縁に浅い不揃いな二重の歯牙がある。花茎の先に7 ～ 20個の花をつける。花期は4 ～ 5月。
危惧要因　採集圧、植生の遷移、湿地の開発

ナベクラザゼンソウ　サトイモ科

Symplocarpus nabekuraensis

長野県	VU
環境省	VU

生活形 多年草

花の色 仏炎苞は紫色

高さ 30～70㎝

生育地 樹林下の湿原あるいは開けた湿原

分布 県北部。本州（秋田県～福井県の日本海側）

特徴 茎は短く斜上し、3～5枚の長柄のある葉をつける。葉身は円腎形でかなり丸く、葉身長より葉身幅の方が長い。仏炎苞（ぶつえんほう）は4～7㎝と小さく、葉の展開と同時に出て、展開後に花序が熟す。花期は6月。

危惧要因 湿原の踏み荒らし

類似種 ヒメザゼンソウの葉は卵状楕円形。

エゾナミキソウ　シソ科

Scutellaria yezoensis

長野県	CR
環境省	VU

別名▶エゾナミキ

生活形 多年草
花の色 青紫色
高さ 30 ～ 75㎝
生育地 湿地
分布 霧ヶ峰高原。本州北部、北海道
特徴 茎は稜上や節部に上向する縮毛を生じ、葉は密につかず、薄質。基部は浅心形、鈍鋸歯縁、両面に縮毛が多少ある。花期は8 ～ 9月。
危惧要因 植生遷移
類似種 ヒメナミキと同様に、葉腋に花をつけるが、本種は花が2㎝以上ある。

ジュンサイ　ジュンサイ科

Brasenia schreberi

長野県	NT
環境省	—

生活形 多年生

花の色 淡紅緑色

高　さ ー

生育地 池沼

分　布 県北部、中部、南部。北海道～琉球

特　徴 浮葉植物。越冬芽は寒天様の粘質物に覆われる。葉は楕円形で長さ約7㎝、細長い柄が盾形につき裏面は暗紫色。雄蕊は多数で紅色の葯が目立つ。若葉は食用になる。花期は6～8月。

危惧要因 池沼の開発、水質汚染

コオホネ　スイレン科

Nuphar japonica

長野県	NT
環境省	—

別名▶コウホネ

生活形 多年生
花の色 黄色
高　さ －
生育地 ため池や流れの穏やかな河川
分　布 県北部、中部。北海道～琉球
特　徴 抽水植物。根茎は太く長く、泥中に伸び白色。葉は長卵形で長さ20～30㎝。花は径4～5㎝。萼片は花弁状で5枚、花弁は小形で多数。花期は7～8月。
危惧要因 河川・地沼の開発、水質汚染など

スギナモ　スギナモ科（オオバコ科）

Hippuris vulgaris

長野県	CR
環境省	—

生活形 沈水・抽水植物

花の色 －

高　さ －

生育地 湖沼や湿原、河川

分　布 須坂市。北海道～本州（中部地方以北）

特　徴 沈水～抽水植物。地下茎が匍匐（ほふく）し、節から水中茎が伸びる。葉は1節に6～1個輪生する。止水域では茎の上部が水上に直立する抽水植物となる。

危惧要因 水質汚染

スギナモの生育する水路

エゾノミズタデ　タデ科

Persicaria amphibia

長野県	CR
環境省	—

生活形 浮葉植物
花の色 淡紅色
高　さ 根茎は1m以上
生育地 山地帯の池沼中・池畔
分　布 長野市。北海道、本州北部
特　徴 細長い根茎を持ち、長い茎を地上に横たえている。葉は長楕円形、花穂（かすい）は直立し、長さ3㎝内外で太い。花期は7～9月。
危惧要因 生育地の自然遷移

ノダイオウ　タデ科

Rumex longifolius

長野県	N
環境省	VU

生活形 多年草
花の色 ー
高さ 100㎝以上
生育地 山地帯の湿地や草地
分布 全県。北海道〜本州中北部、和歌山
特徴 根生葉や茎の下部の葉は大きく、有柄。葉は長卵形で長さ30㎝、縁は波状で、浅い鋸歯がある。花後大きくなる3枚の萼片の縁は低鋸歯か不明瞭、中央部に細い葉脈状の条がある。花期は6〜8月。
危惧要因 湿地開発、生育地の自然遷移

そう果の中心にふくらみがない
そう果(果期)

ヒメシャクナゲ　ツツジ科

Andromeda polifolia

長野県	NT
環境省	—

生活形 常緑矮性低木

花の色 紅色

高　さ 5 ～ 25cm

生育地 山地帯～亜高山帯のミズゴケ湿原

分　布 県北部、諏訪。北海道、本州（中部以北）

特　徴 地下茎は地中を匍匐し、地上茎は直立する。葉は革質で互生し、広線形で先は尖る。葉の裏は白い。茎頂に花を下垂する。花期は6 ～ 7月。

危惧要因 園芸採取、踏みつけ

ヒメツルコケモモ ツツジ科

Vaccinium microcarpum

長野県	CR
環境省	VU

生活形 矮生低木
花の色 淡紅色
高　さ 5～10㎝
生育地 亜高山帯のミズゴケ湿原
分　布 栄村、諏訪、立科町。北海道、本州（長野県、尾瀬ヶ原）
特　徴 茎は細く、葉は長さ2～5㎜。花柄は無毛で、中ほどより下部に2枚の小苞を互生する。果実は球形で赤く熟し、径6～7㎜。花期は6～7月。
危惧要因 生育地の自然遷移
類似種 ツルコケモモと混生するが、本種は全体的に小形で、花柄が無毛。

ノウルシ　トウダイグサ科

Euphorbia adenochlora

長野県	EN
環境省	NT

生活形 多年草

花の色 黄色

高　さ 30 ～ 50㎝

生育地 湿性地

分　布 北信、木曽の一部。北海道～九州

特　徴 茎は直立し、茎頂に5枚の葉を散状につける。葉は互生で狭長楕円形～披針形、縁は全縁、裏面に軟毛が散生。杯状花序を頂生。花時に黄色い苞葉が目立つ。花期は4 ～ 5月。

危惧要因 土地開発、生育地の自然遷移など

類似種 マルミノウルシ（別掲p94）

子房にいぼ状の突起がある

クロバナロウゲ　バラ科

Potentilla palustris

長野県	CR
環境省	—

生活形 多年草

花の色 暗紅褐色

高　さ 30 ～ 60㎝

生育地 亜高山帯の湿原

分　布 小谷村。北海道、本州（東北地方・日光・尾瀬・北アルプス）

特　徴 茎の下部は地を這って分枝し、上部は直立する。小葉が5 ～ 7個の奇数羽状複葉、裏面は粉白色で伏毛がある。花は茎の先端に数個つく。花期は7 ～ 8月。

危惧要因 生息地の自然遷移、生息地が限定

ホザキシモツケ　バラ科

Spiraea salicifolia

長野県	CR
環境省	—

生活形 落葉低木
花の色 淡紅色
高さ 1～2m
生育地 日当たりのよい山地湿原
分布 諏訪市。北海道、本州（日光・霧ヶ峰）、北半球北部
特徴 葉は狭長卵形～狭卵形で、長さ3～10㎝。基部は鋭形。両面と縁には縮れた短軟毛があり、裏面に主脈が隆起する。花序は円錐形で長さ6～15㎝。花期は6～8月。
危惧要因 自生地の改変、園芸採取、自生地が限定

ホソバミズヒキモ　ヒルムシロ科

Potamogeton octandrus var. *octandrus*

長野県	NT
環境省	—

生活形 沈水または浮葉植物

花の色 ー

高　さ ー

生育地 ため池や河川、水路

分　布 全県。北海道〜琉球

特　徴 沈水葉は線形、浮葉は長楕円形。

危惧要因 池沼開発、外来水草の繁殖、浚渫(しゅんせつ)など

アサマフウロ　フウロソウ科

Geranium soboliferum var. *hakusanense*

長野県	NT
環境省	NT

生活形　多年草
花の色　濃紅紫色
高さ　50～80㎝
生育地　高原の湿った草地
分布　南部を除くほぼ全県。本州（中部）
特徴　全草に圧着する細毛がある。葉身はほとんど基部近くまで掌状に5深裂する。花は径3～4㎝と大きく、花弁は濃紫色の脈が目立つ。花期は8～9月。
危惧要因　自然遷移
類似種　ハクサンフウロの茎には下向きの圧毛、葉柄には下向きの粗い毛がある。花は桃色。

ビッチュウフウロ　フウロソウ科

Geranium yoshinoi

長野県	EN
環境省	—

生活形　多年草

花の色　淡紅紫色

高　さ　40 ～ 70㎝

生育地　湿った林縁、草地

分　布　白馬村、阿南町。本州（長野県以西）

特　徴　茎は葉柄とともに下向きの微圧毛がある。葉は掌状に5深裂し、裂片はさらに1 ～ 2回3出状に切れ込む。花は径約2㎝。網目状の紅紫色の脈がある。花柄および小花柄に下向きの圧毛。花期は8 ～ 9月。

危惧要因　草地の減少、生育地の自然遷移など

ツメレンゲ　ベンケイソウ科

Orostachys japonica

長野県	NT
環境省	NT

生活形 多年草

花の色 白色

高さ 6～15㎝

生育地 日当たりのよい岩上や河辺、土手

分布 全県。本州（関東以西）、四国、九州

特徴 葉は披針形、多肉質で断面は楕円形、先端には短針状突起がある。ロゼット状の葉の中心から花茎が伸び、小さな花を密につける。花期は9～10月。

危惧要因 自生地の自然遷移、園芸採取

タコノアシ ベンケイソウ科（タコノアシ科）

Penthorum chinense

長野県	VU
環境省	NT

生活形 多年草
花の色 淡黄白色
高　さ 30～70㎝
生育地 野原の湿地、河川の湿地
分　布 県北部、中部、南部。本州、四国、九州
特　徴 茎は円柱形。葉は互生し、やや膜質で無毛、長さ2.5～10㎝、縁には細鋸歯がある。茎の先に数本の枝を出し、多数の小花を総状に片側だけつける。花弁はなく、萼は5裂する。花期は9～10月。
危惧要因 自然遷移、河川改修

ホロムイソウ　ホロムイソウ科

Scheuchzeria palustris

長野県	CR
環境省	—

生活形 多年草
花の色 黄緑色
高さ 花茎は15～30㎝
生育地 沼や池、特にミズゴケの多い湿原など
分布 白馬村。北海道。本州（近畿以北）
特徴 地下茎は長く這う。葉は長さ8～30㎝で、先端に小さな排水孔がある。花茎の上部に苞があり、その腋に4～8個の花をつける。花被片は6枚で長さは約3㎜。花期は7月。
危惧要因 生息地の減少、生育地が限定

花期

果期

ミクリ　ミクリ科

Sparganium erectum

長野県	VU
環境省	NT

生活形 多年草

花の色 雄花穂は白色、雌花穂は緑色

高　さ 水面下を含めて60 ～ 200㎝

生育地 人里や低山帯の湖沼・河川・水路

分　布 全県。北海道～九州

特　徴 葉は断面が三角形、幅7 ～ 20㎜。花序は枝分かれし、枝の先に7 ～ 15個ほどの雄の頭花、その下に1 ～ 3個の雌の頭花をつける。果実は紡錘形で幅3 ～ 6㎜。花期は8 ～ 9月。

危惧要因 湖沼、河川、水路の埋め立てや改修

果実

アサザ　ミツガシワ科

Nymphoides peltata

長野県	VU
環境省	NT

生活形 多年生水草
花の色 黄色
高さ —
生育地 池や湖沼の水中
分布 県北部、中部の湖沼
特徴 根茎は泥の中を長く這い、太く長い茎を出す。葉は径5～10㎝、表面は緑色、裏面は紫褐色。花冠は5深裂し、縁に長い毛がある。花期は6～9月。
危惧要因 水質の変動、採取圧。湖沼によっては雑草として除去

ケショウヤナギ　ヤナギ科

Chosenia arbutifolia

長野県	NT
環境省	—

生活形　落葉高木

花の色　－

高　さ　20～30m、直径1m

生育地　山地帯～亜高山帯の河辺

分　布　松本市、安曇野市。北海道、長野県

特　徴　枝は秋から春にかけて紅色、若い枝は冬季粉白色で覆われる。葉身は長さ4～7.5㎝、幅0.9～2㎝の長楕円形、葉柄は2.5～4㎝。葉縁は鈍鋸歯。花期は4月下旬～5月。

危惧要因　生育地の植生の自然遷移

類似種　エゾヤナギは葉身が8～12㎝と長い。

雌花序

エゾヤナギ　ヤナギ科

Salix rorida var. *rorida*

長野県	EN
環境省	—

生活形 落葉高木
花の色 －
高さ 15m以上
生育地 小石の多い川岸
分布 松本市、大町市。北海道、本州（上高地）
特徴 小枝は紫褐色または帯褐緑色、無毛、しばしば粉白色。成葉の葉身は長楕円状披針形、鋭尖頭、縁に細鋸歯があり、長さは8～12㎝。葉の裏面は粉白色。新葉の縁は巻かない。花期は4月。
危惧要因 生育地の植生の自然遷移

ハナネコノメ　ユキノシタ科

Chrysosplenium album var. *stamineum*

長野県	VU
環境省	—

生活形 多年草
花の色 白色
高　さ 5cm
生育地 沢沿いの陰湿地
分　布 全県だが分布地は限られている。本州（福島県～京都府）
特　徴 群生する。葉は扇状で対生。花茎は長さ5cm。花は径5mm、白い花弁に見えるのは萼裂片、葯が赤く対照的。花期は4～5月。
危惧要因 生育地の環境改変

キリガミネアサヒラン　ラン科

Eleorchis japonica var. *conformis*

長野県	CR
環境省	EN

生活形 地生ラン
花の色 紅紫色
高　さ 20～30㎝
生育地 亜高山帯の湿原
分　布 諏訪地方。長野県・群馬県
特　徴 サワランの変種。葉は直立し、花は茎の先に1個、上向きにつく。唇弁は全縁で隆起線がない。花期は7月。
危惧要因 園芸採取、自然遷移
類似種 サワラン（別掲p72）

サワラン　ラン科

Eleorchis japonica var. *japonica*

長野県	CR
環境省	—

別名▶アサヒラン

生活形 地生ラン

花の色 濃紅紫色

高　さ 20～30㎝

生育地 山地帯～亜高山帯の日当たりのよい湿地

分　布 県北部。北海道、本州（中部以北）。南千島

特　徴 葉は1枚で広線形、長さは6～15㎝。花は茎の先に1個咲かせる。花被片は長さ約2㎝、唇弁は浅く3裂し、真ん中には縦の隆起線がある。花期は7～8月。

危惧要因 園芸採取、自然遷移

類似種 キリガミネアサヒラン（別掲p71）

カキラン　ラン科

Epipactis thunbergii

長野県	NT
環境省	—

生活形　地生ラン

花の色　黄褐色

高さ　30 ～ 70㎝

生育地　山地帯の日当たりのよい湿地

分布　全県。北海道～九州。アジア北東部

特徴　根茎は横に這い、節から根を出す。全草無毛。葉は狭卵形で、基部は茎を抱く。花は約10個が横向きに咲く。唇弁は内側に紅紫色の斑紋がある。花期は6 ～ 7月。

危惧要因　湿地開発、園芸採取

ミズトンボ　ラン科

Habenaria sagittifera

長野県　VU
環境省　VU

生活形　地生ラン
花の色　淡緑色
高　さ　40 ～ 70㎝
生育地　湿地
分　布　ほぼ全県。北海道～九州
特　徴　茎は3稜、葉は線形で細い。下部のものは茎を抱く。球根がある。花は多数つき、唇弁が十字形となる。花の径は1.5㎝、距が垂れて先が球形になる。花期は7 ～ 9月。
危惧要因　湿地開発、園芸採取

ミズチドリ　ラン科

Platanthera hologlottis

長野県	NT
環境省	—

生活形 地生ラン

花の色 白色

高さ 40 ～ 80㎝

生育地 山地帯から亜高山帯下部の日当たりのよい湿地や草原

分布 全県。北海道～九州

特徴 葉は茎の中ほどから下に、長さ10 ～ 20㎝、幅1 ～ 2㎝で4 ～ 6枚つく。上部の葉は次第に小さくなる。茎頂に多数の花を穂状につける。花期は7 ～ 8月。

危惧要因 湿地の減少、自然遷移、園芸採取

コバノトンボソウ　ラン科

Platanthera tipuloides subsp. *nipponica*

長野県	NT
環境省	—

生活形　地生ラン

花の色　淡黄緑色

高さ　20 ～ 40㎝

生育地　山地帯上部～亜高山帯の草地や湿地

分布　全県。北海道～九州。日本固有

特徴　葉は1枚で広線形、長さ3 ～ 7㎝、幅3 ～ 10㎜、基部は茎を抱く。花は少数がまばらにつく。距は上へやや曲がって跳ね上がる。花期は7 ～ 8月。

危惧要因　踏みつけなど

類似種　ホソバノキソチドリの葉は狭楕円形～広楕円形、長さ3 ～ 7㎝、幅1 ～ 2㎝。距はほぼ水平から軽く下向きに湾曲する。

ホソバノキソチドリ

トキソウ　ラン科

Pogonia japonica

長野県	VU
環境省	NT

生活形　地生ラン

花の色　紅紫色

高　さ　10～30㎝

生育地　日当たりのよい湿地

分　布　全県。北海道～九州

特　徴　基部に鱗片葉があり、普通の葉は1枚で中央につく。花は1個頂生し横向きに開く。唇弁は中ほどで3裂、中裂片は倒卵形で大きく、縁と内面に肉質の突起が密生。花期は6～7月。

危惧要因　採取圧

類似種　ヤマトキソウ（別掲p135）

サンショウモ サンショウモ科

Salvinia natans

長野県	VU
環境省	VU

生活形 浮遊性水草、1年草

花の色 –

高　さ –

生育地 湖沼や水田

分　布 県中部、北部。最南部。本州、四国、九州

特　徴 葉は単葉で対生してつく。葉の並びが、サンショウの葉によく似ている。葉の表面に、密に短い突起がある。成長した葉は、ちぎれても栄養繁殖し、水面を一面に覆うこともある。大胞子、小胞子の別がある。

危惧要因 水田などでの除草剤使用

デンジソウ

デンジソウ科

Marsilea quadrifolia

長野県	EN
環境省	VU

生活形 夏緑性の水生シダ
花の色 －
高　さ －
生育地 水田の縁や畦、湖沼
分　布 北信、東信。北海道～琉球
特　徴 葉は横走した細い根茎から出て、4枚の小葉を十字状につける。漢字の田の形に似ている。葉柄は10～15㎝。
危惧要因 湖沼の護岸整備や水田除草剤の使用

ヤチスギラン　ヒカゲノカズラ科

Lycopodium inundatum

長野県	NT
環境省	—

生活形 常緑性シダ
花の色 ー
高　さ 約10㎝
生育地 湿原
分　布 県北部、中部の一部。北海道～本州近畿以北
特　徴 小型シダ。茎は匍匐茎と直立茎からなる。
危惧要因 湿原の開発

天竜川のツツザキヤマジノギク保全

ツツザキヤマジノギク（キク科）は長野県の絶滅危惧IA類（CR）とされており、極めて希少で貴重な種である。分布は、下伊那郡松川町の天竜川と小渋川の一部の河原にまとまって生育しており、また下伊那各所に点在しているが、今はほとんど消失したようである。花びら（舌状花）が筒状に咲くことから珍しく「クダサキ」「ツツザキ」の名が付いている。山地に生育するヤマジノギクの変種であり、こちらは筒状にならない。その愛らしい姿から「河原に咲く星の花」とも呼ばれる。

国土交通省天竜川上流河川事務所（駒ヶ根市）は、ツツザキヤマジノギクの保全に取り組んでおり、数年にわたる調査・研究、モニタリングをしてきた。石の多い河原に生育し、他の植物がほとんど生育していない環境を好む。このような環境は年に1、2回起こる洪水によってたまった土砂が流されることで維持される。

しかし、近年はダムや川幅の拡張、掘削など、治水工事が進んで洪水が起きにくくなった。河原の動きが少なくなり、土砂が流れずに堆積し、植物が一斉に生育して河原を覆うようになった。特に、このような環境を好むオオキンケイギクやニセアカシアなどの外来植物が繁茂し始め、次第にツツザキヤマジノギクやカワラニガナなどの在来植物の生育を阻むようになってきた。

同事務所は生育地の河原の水際部分を掘って低くして冠水しやすくしたり、河原の土砂や外来植物を掘り取ったりして石河原を造成し、ツツザキヤマジノギクの生育を存続・増殖させる自然再生事業を進めてきた。地元松川町民や市民団体も2010年から参加し、外来植物の駆除、ツツザキヤマジノギクの種まきなどを行っている。県松川青年の家は、子供たちを対象にした自然観察会を、ツツザキヤマジノギク観察も兼ねた会にしているほか、町教育委員会なども保護に取り組んでいる。まだ町民主体の組織づくりや活動には至っていないが、ツツザキヤマジノギクを“町の宝”とし、保護活動をまちづくりの一環として活用する動きが芽生えつつある。（土田）

ツツザキヤマジノギクを守るためのオオキンケイギクの駆除作業（2016年10月）

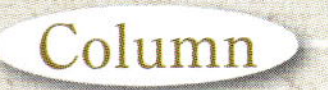

開発と貴重種の保全——移植対応

必要に応じてさまざまな開発が行われているが、その規模や場所、内容によって環境アセスメントが行われている。

環境アセスメントとは、開発が行われることによって環境にどんな影響があるかを事前に調べ、また、ある場合にはその保全対策が検討される。植物的環境においては、貴重種や貴重な植生があるかどうか、また、あった場合はどのような配慮・対応をするか、が課題となる。影響を及ぼす恐れがある場合は「開発をやめる」「その場所を避ける」「代替的な対応、すなわち移植を行う」などの対応があるが、多くのケースでは移植で対応することが多い。

移植は、開発地域の付近で、なるべく生育環境が似ていたり、同種が生育している場所に行われる。付随的に種子を採取して播種（はしゅ）（種まき）することもある。これら移植した植物は、そのまま放置しておいてもその後の生育がどうなるか分からないので、数年間はモニタリングしたり、管理していくことが義務づけられている。私が関係したある植物の移植は、10年間にもわたってモニタリングして手入れをしているものもある。大変手間をかけての保全となる。

このような代替処置は考え方としてはありうるが、実際に移植、あるいは播種した植物が定着し、子孫を残すまで生長していくことは、実際のところなかなか難しく、多くは途中で消えていく。また、特殊な土壌菌類と共生するラン科植物や、岩壁や特殊な地質に生育する植物など移植が難しいものもある。

野生動物との関係では、その場所に花粉を媒介する訪花昆虫がいるかどうか。また、ニホンジカなどの野生動物の食害に遭うものもある。さらに、その植物が生育するためには生育環境を維持しなければならない。例えば、草原生の貴重植物が生育を維持するためには、生育地が草原でなければならない。しかし、草原は草刈りや火入れなどで維持されているので、これらの人為が行われなくなると、次第に森林化が進んだり、繁殖力の強い外来植物に覆われて生育地が失われてしまう。移植は完全、安全な保護策ではないということをまず前提にして、対応を考えるのが重要である。（土田）

図鑑

里山

里山は、村落の周囲の林や田畑である。ここでは「里山林」とする。

昔から人々は里山林をさまざまな形で利用してきた。まず、定期的に伐採して薪や炭の材料とした。また、里山林を育てるために、随時下草刈りや間伐などの手入れをしてきた。

里山林は、自然の山林に人が手を入れて作り上げたものである。そのため林床は明るく、四季の変化も顕著である。このような場所を好む特有な植物が生育しているが、近年は薪や炭の需要も少なくなり、放置されたり、手入れが滞った里山林が多くなっている。そのため里山林という環境を好む植物は、林床が暗くなり、藪化が進み、生育が難しくなった。

また、草原と同様に、里山林を主な棲み家とするニホンジカによる食害により、林床の植生がほとんどなくなっている場所もある。これらによって、里山に生育する植物も絶滅の危機にさらされている。

ミヤマアオイ　ウマノスズクサ科

Asarum fauriei var. nakaiania

長野県	NT
環境省	VU

生活形 多年草
花の色 暗紫色
高　さ 5 ～ 10㎝
生育地 山地帯から亜高山帯の湿った林床
分　布 県西部、栄村。本州（岐阜県、富山県、長野県）

特　徴 節間が長く伸長し、毎年1 ～ 2枚の根生葉を出す。葉身は円腎形で、直径2 ～ 6㎝。萼筒、花ともに浅い筒形。ギフチョウの食草である。花期は4月下旬～ 6月。
危惧要因 森林伐採や開発、植生の変化

イチリンソウ　キンポウゲ科

Anemone nikoensis

長野県	NT
環境省	—

生活形 多年草
花の色 白色
高さ 20～30㎝
生育地 山地の林床、林縁
分布 全県。本州～九州
特徴 群生することがある。葉は3枚が輪生する。小葉は3出複葉で羽状に深く裂ける。花茎の先端に径4㎝の花を1個つける。花弁は萼片で5～6枚。花期は4～5月。
危惧要因 里山林の環境変化、園芸採取
類似種 ニリンソウは1花茎に2個の花をつける。

カザグルマ キンポウゲ科

Clematis patens

長野県	CR
環境省	NT

生活形 つる性の多年草
花の色 淡紫色～白色
高　さ －
生育地 低地の林縁
分　布 木曽、南信、安曇野市、野沢温泉。本州、四国、九州（北部）
特　徴 茎は木化して褐色になる。葉は複葉で3～5枚の小葉からなり、茎に対生する。花は直径7～12㎝と大きく、長い柄の先に上向きに1個頂生する。花弁がなく、8枚の萼片（がくへん）が花弁状になる。花期は5～6月。
危惧要因 園芸採取、土地の造成、道路工事など

セツブンソウ　キンポウゲ科

Eranthis pinnatifida

長野県	VU
環境省	NT

生活形 多年草

花の色 萼片は白色、花弁は黄色

高　さ 5～15㎝

生育地 低山帯の落葉樹林の林床や林縁

分　布 中信、長野市周辺。本州（関東地方以西）

特　徴 地中に直径約15㎜の球状の塊茎（かいけい）があり、そこから根生葉と花茎を出す。根生葉は5角状円形。茎葉は2枚。花弁状の萼片は5枚で直径約2㎝。花弁は小さい。花期は3～4月。

危惧要因 園芸採取、土地開発、植生の遷移など

ヤマブキソウ ケシ科

Chelidonium japonicum

長野県	VU
環境省	—

生活形 多年草

花の色 黄色

高　さ 30～40㎝

生育地 丘陵帯、山地帯の落葉広葉樹林の林床

分　布 県東部、諏訪地方。本州（宮城県以南）、四国、九州

特　徴 根生葉には長い柄があり、奇数羽状複葉。花茎は直立し、2～3枚の葉を上部につけ、その葉腋に1～2個の花を上向きにつける。花は直径3～4㎝、4枚の大きな花弁を持つ。花期は4～6月。

危惧要因 園芸採取や森林伐採

エゾエンゴサク　ケマンソウ科（ケシ科）

Corydalis ambigua

長野県	NT
環境省	—

生活形　多年草

花の色　青紫色

高さ　10～30㎝

生育地　多雪地の山地帯の落葉広葉樹の林床、林縁

分布　県北部。北海道、本州（中部地方以北）

特徴　地中に径1～2㎝の球形の塊茎があり、そこから1本の茎を出し、1個の鱗片状の葉と2枚の正常葉をつける。茎の先端には多数の花が総状につく。長さは17～25㎜。苞は卵形で全縁。花期は4～6月。

危惧要因　森林伐採や土地開発など

類似種　ヤマエンゴサクの苞は、多少の歯牙または欠刻がある。

ヤマエンゴサク

ジロボウエンゴサク ケマンソウ科(ケシ科)

Corydalis decumbens

長野県	CR
環境省	—

生活形 多年草

花の色 紅紫色～青紫色

高　さ 10～20㎝

生育地 低地の川岸などの草原、山地。

分　布 松本市、天竜村。本州（東北地方以西）、四国、九州

特　徴 地下に茎約1㎝の球茎を持ち、そこから数個の根生葉と花茎を出す。茎の基部には鱗片葉がない。花は長さ1.2～2.2㎝。花期は4～5月。

危惧要因 1932年以降県内では絶滅とされていたが、2005年に松本市内で生育が確認された。生育地の改変

ウラシマソウ　サトイモ科

Arisaema thunbergii subsp. *urashima*

長野県	VU
環境省	—

生活形 多年草

花の色 濃紫色

高　さ 30 ～ 60㎝

生育地 里山林の林床、林縁。海岸林の林床

分　布 全県（県西部は少ない）。北海道～九州

特　徴 地下には大きな球根がある。葉は1枚で、10枚前後の小葉を鳥足状につける。仏炎苞(ぶつえんほう)の色は変化がある。苞の中の肉(にく)穂花序(すいかじょ)の先端の付属体は釣り糸状に長く伸びる。花期は4～5月。

危惧要因 森林伐採、園芸採取

タデスミレ　スミレ科

Viola thibaudieri

長野県	CR
環境省	EN

生活形 多年草

花の色 白色

高さ 25 ～ 35㎝

生育地 山地帯の林下

分布 松本市。長野県

特徴 全体無毛、または茎と葉に少し毛がある。茎は2 ～ 3本叢生する。葉は広倒披針形、基部へも狭まり、低い鋸歯がある。托葉(たくよう)の鋸歯は疎。側弁に毛がある。唇弁に細い紫条がある。花期は5 ～ 6月。

危惧要因 採取圧、踏みつけ、生育地の植生の自然遷移、野生動物の採食

キョウマルシャクナゲ ツツジ科

Rhododendron degronianum var. *kyomaruense*

長野県	NT
環境省	VU

生活形 常緑低木
花の色 淡紅色
高　さ 1 ～ 2m
生育地 山地帯～亜高山帯
分　布 県南部。本州（長野県南部・静岡県東北部・愛知県北西部）

特　徴 葉は革質でやや薄く、裏面に淡灰褐色の軟毛が薄く一面に生える。枝先に花を多数つける。花冠は5裂、時に6 ～ 7裂する。花期は5 ～ 6月。
危惧要因 森林伐採、道路工事

マルミノウルシ　トウダイグサ科

Euphorbia ebracteolata

長野県	CR
環境省	NT

生活形 多年草

花の色 緑色

高　さ 40 ～ 50㎝

生育地 山地の日当たりの良い林床、草地

分　布 麻績村などわずか。北海道～本州中部

特　徴 茎葉は長楕円形で長さ8cm、幅1 ～ 2㎝。上部の茎葉の腋から側枝を伸ばし、杯状花序をつける。子房の表面にいぼ状突起がなく、ノウルシと区別される。花期は4 ～ 5月。

危惧要因 生育地が少ない。生育地の環境変化など

類似種 ノウルシ（別掲p57）

エゾオオヤマハコベ　ナデシコ科

Stellaria radians

長野県	EN
環境省	―

生活形 多年草

花の色 白色

高さ 50 ～ 80㎝

生育地 少し湿った草原

分布 東信、木曽南部。北海道、本州（北部）

特徴 茎は四角で直立し、上部は分枝し、毛が多い。葉は柄がなく、細い卵形。長さ6 ～12㎝、幅1 ～ 2.5㎝。茎や葉の両面に絹状の毛が生える。花弁は萼より長く、細かく裂ける。花期は8 ～ 10月。

危惧要因 生息地の自然遷移。分布域が狭い

アオナシ　バラ科

Pyrus ussuriensis var. hondoensis

長野県	N
環境省	VU

生活形 落葉高木
花の色 白色
高　さ 10m
生育地 低山帯の広葉樹林内
分　布 佐久。本州（中部地方）
特　徴 葉は長さ5～7㎝の広卵形。鋸歯は先端が芒状に伸びる。花は開葉と同時に開き直径3㎝。果実は径2～4㎝の球形で、萼片が残り、熟しても緑色で皮目は少ない。花期は4～5月。

危惧要因 生育地の自然遷移
類似種 ヤマナシの葉の鋸歯は先端が芒状に伸びず、細鋭鋸歯。果実に萼片が残らない。

ヤマナ

サイカチ　マメ科

Gleditsia japonica

長野県	NT
環境省	—

生活形 落葉高木
花の色 黄緑色
高　さ 15～20m
生育地 川辺、水辺
分　布 全県。本州中部

特　徴 幹の大型の刺(とげ)がある。葉の小葉は12～24枚。花は総状花序、豆果はよじれており、熟すと濃紫色になる。
危惧要因 生育地の開発

里山

ルリソウ　ムラサキ科

Omphalodes krameri

長野県	EN
環境省	—

生活形　多年草

花の色　濃青紫色まれに白色

高　さ　20 ～ 40㎝

生育地　落葉広葉樹林内

分　布　軽井沢町。北海道、本州（中部）

特　徴　茎は直立し、葉とともに細毛がある。葉は互生し、倒披針形、全縁である。下部の葉は根出よりも大きい。花序は普通2分枝し、花冠は径1 ～ 1.5㎝。葉は少なく、まばらに花をつける。花期は4 ～ 6月。

危惧要因　園芸採取、自然遷移

ヘビノボラズ

メギ科

Berberis sieboldii

長野県	EN
環境省	—

生活形 落葉性の小型低木

花の色 黄色

高　さ 80㎝

生育地 丘陵帯から山地帯の照葉樹林内。湿地に多く見られる

分　布 県南部。本州（中部地方南西部・近畿）、九州（宮崎）

特　徴 枝は赤褐色で、稜がある。葉のつけ根には葉の変形した刺がある。葉身は倒披針形で、縁には細かい刺状の鋸歯がある。短枝の先に垂れ下がる数個の直径約6㎜の花をつける。花期は5月。

危惧要因 森林伐採、土地造成など

類似種 ヒロハヘビノボラズの葉の幅は1.5～3㎝で葉の縁に鋭い鋸歯がある。

ヒロハヘビノボラズ

シライトソウ　ユリ科（シュロソウ科）

Chionographis japonica

長野県	CR
環境省	—

生活形 多年草

花の色 白色

高　さ 20 ～ 50㎝

生育地 低山帯の森林、草原

分　布 県南部。秋田県～九州

特　徴 葉は混生し長楕円形、長さは5 ～ 15㎝。基部は葉柄となる。花茎は高さ20 ～ 50㎝で枝別れしない。数枚の線状の苞がある。先の方に多数の白花を穂状につける。花期は5 ～ 6月。

危惧要因 生育個体数が少なく、採集圧による

ヤマユリ　ユリ科

Lilium auratum

長野県	NT
環境省	—

生活形 多年草

花の色 白色に黄色いすじと赤褐色の斑点

高さ 100～150cm

生育地 低山帯の林縁

分布 北信、県東部、南部。本州（近畿地方以北）。日本固有

特徴 葉は長さ10～15cmの広披針形～狭披針形。茎の先端に1～5個の花をつける。花冠は直径22～24cmと日本産ユリ属の中では最大で、芳香がある。花被片は10～18cmで反り返る。花期は7～8月。

危惧要因 道路工事、園芸採取、自然遷移など

サササユリ ユリ科

Lilium japonicum

長野県	NT
環境省	—

生活形 多年草

花の色 白色〜淡い桃色

高さ 50〜100㎝

生育地 低山帯の林内、林縁、草原

分布 全県（東部を除く）。本州（中部地方以西）、四国、九州

特徴 葉は披針形から線形で長さ8〜15㎝、形がササに似る。花は茎の先に1〜3個、横向きに開く。花被に斑紋はない。芳香がある。花期は6〜7月。

危惧要因 園芸採取、自生地の自然遷移

ギンラン　ラン科

Cephalanthera erecta

長野県	NT
環境省	—

生活形 地生ラン

花の色 白色

高　さ 10 ～ 30㎝

生育地 里山林の林床

分　布 全県。北海道～九州

特　徴 茎は直立して葉の基部は茎を抱かず、葉には毛がない。茎先に数個の花をつける。花は少し開くだけ。花期は5 ～ 6月。

危惧要因 森林伐採、園芸採取、自然遷移など

類似種 ササバギンランは葉の基部は茎を抱く。葉の裏に短毛がある。上部の葉は花茎を越えて伸びる。

ササバギンラン

ヒトツボクロ　ラン科

Tipularia japonica

長野県	NT
環境省	—

生活形 地生ラン
花の色 黄緑色
高さ 20～30cm
生育地 針葉樹林内
分布 全県。本州～九州
特徴 葉は卵状楕円形で長さ4～5cm、中脈は白く、裏面は濃紫色。根元に1枚つく。花は5～10個つく。花被片は細く長さ4mm。唇弁（しんべん）はやや短く3裂し、距は淡紅紫色で長さ5mmで下垂する。花期は6月頃。
危惧要因 森林伐採、園芸採取

図鑑

草原

草原の多くは人手によってできたもので、森林を伐採して火入れをし、できた草原の草を刈って家畜の餌や田畑の肥料にしたり、放牧に利用していた。また、山火事や落雷で森林が燃えたりしてできたものもある。

草原に生育する植物は非常に多様な種類からなり、美しい景観をつくっているが、ササ原や造成された牧草地のように、緑一色の単調な草原もある。これらの草原もさまざまな理由で放置されると、自然遷移が進んで森林化していく。草原を維持するには、適度な火入れや草刈りが必要である。

長野県でも、かつては広い地域に草原が広がっていた。そこには草原特有の植物が生育していた。しかし、近年は放置されて森林化が進んだり、開発によって草原が失われつつある。また、外来植物の繁殖も盛んで、在来の植物の生育が阻まれつつある。さらにここ10年来、ニホンジカが増えてきて草原に進出し、草原植物を食べたり踏み荒らしたりしている。また、草原植物は美しい花を咲かせるものが多いため、人の採取による減少もあって絶滅危惧種が増えつつある。

カノコソウ　オミナエシ科（スイカズラ科）

Valeriana fauriei

長野県	EN
環境省	—

生活形　多年草

花の色　淡紅色

高　さ　40 ～ 80㎝

生育地　山地の湿った草原

分　布　大町市、南牧村。北海道～九州

特　徴　葉は対生で羽状に全裂する。茎頂に小花を多数咲かせる。花冠の径は5㎜で5裂、雄蕊は3本で花冠の外に突き出る。花期は5 ～ 7月。

危惧要因　生育地が少ない。草原の開発。園芸採取

ハタベスゲ　カヤツリグサ科

Carex latisquamea

長野県	EN
環境省	EN

生活形 多年草
花の色 －
高さ 40～75㎝
生育地 山地の森林内、草原
分布 県中、東、南部。北海道～九州
特徴 短い走出枝を持つ。葉は幅3～6㎜、有毛。鞘(しょう)は葉身がなく、有毛。小穂(しょうすい)は3～4個、頂小穂は雄性、他は雌性で楕円形、長さ1～2㎝。花期は6～7月。
危惧要因 自然遷移、開発など

フナバラソウ　ガガイモ科（キョウチクトウ科）

長野県	VU
環境省	VU

Cynanchum atratum

生活形 多年草
花の色 濃褐紫色
高　さ 40～80㎝
生育地 高原の草地
分　布 県中南部、東部にまれ。北海道～九州
特　徴 全体に密に軟毛がある。葉は楕円形から卵形、長さ6～14㎝、幅3～8㎝先は急に尖るか丸い。花序は短い柄があって、やや密に径12～14㎜の花をつける。花期は6～7月。
危惧要因 草地の開発、採取、踏みつけ、ニホンジカの採食も

バアソブ キキョウ科

Codonopsis ussuriensis

長野県	N
環境省	VU

生活形 つる性多年草
花の色 花冠の内側の上部は紫色、下半部に濃紫色の斑点
高さ –
生育地 低山帯の林縁、林床、草原
分布 全県だがまれ。北海道〜九州
特徴 全体に白い毛が散生する。つるは細くて切れると白い乳液が出る。花は2〜2.5㎝でやや球状の鐘形で、先端は浅く5裂する。花期は8〜10月。
危惧要因 自然遷移、森林伐採

類似種 ツルニンジンの花は長さ2.5〜3.5㎝の広鐘形。花冠の内側は紫褐色の斑点。

ツルニンジン

キキョウ　キキョウ科

Platycodon grandiflorus

長野県	VU
環境省	NT

生活形 多年草

花の色 青紫色

高　さ 50 ～ 100㎝

生育地 山地の日当たりのよい草地

分　布 全県。北海道～琉球

特　徴 太い根茎は深く地中に入り、直立する。葉は互生し狭卵形。花は茎頂近くに数個つく。花期は8 ～ 9月。

危惧要因 生息地の自然遷移や草地管理の放棄など

アズマギク　キク科

Erigeron thunbergii subsp. *thunbergii*

長野県	VU
環境省	—

生活形　多年草
花の色　淡青紫色
高　さ　10 ～ 30㎝
生育地　山野の日の当たる草地、岩場
分　布　北信、中信、東信、上伊那。本州（中部以北）

特　徴　全体多毛。根生葉は舌状で長柄があり、茎の葉は細長く小さい。花期は4月下旬～ 8月中旬。
危惧要因　土地造成、踏みつけ、草地改良

タカサゴソウ　キク科

Ixeris chinensis subsp. *strigosa*

長野県	VU
環境省	VU

生活形　多年草
花の色　帯紫白色
高　さ　20 ～ 40㎝
生育地　丘陵地や山麓の日当たりのよい草地や道端。河原
分　布　ほぼ全県。本州、四国、九州
特　徴　根生葉はロゼット状で花時生存し、披針形か長楕円状披針形。茎葉は少数。小花は20 ～ 25個。冠毛は白色。花期は5 ～ 8月。
危惧要因　生育地の改変、植生遷移
類似種　ニガナに似るが冠毛は汚白色。

冠毛

ヤマタバコ　キク科

Ligularia angusta

長野県	CR
環境省	CR

生活形 多年草

花の色 黄色

高　さ 100 ～ 130㎝

生育地 山地帯の林縁、草地

分　布 北佐久郡。本州（関東・中部地方）

特　徴 根生葉は直立、卵形長楕円形で、長さ17 ～ 30㎝、葉柄上部に翼がある。総状花序は長さ30㎝。頭花は多数で舌状花は3 ～ 5個、筒状花は5 ～ 10個。花期は5 ～ 6月。

危惧要因 森林伐採、土地の開発、植生遷移など

ミヤコアザミ キク科

Saussurea maximowiczii

長野県	NT
環境省	—

生活形 多年草
花の色 赤桃色
高さ 50 ～ 150㎝
生育地 山地の草原
分布 全県。本州福島県以南、四国、九州
特徴 根生葉と下葉は羽状深裂、長さ11 ～ 30㎝、総苞（そうほう）は狭筒形で高さ10 ～ 14㎜。花期は8 ～ 9月。
危惧要因 草原の遷移、採集、野生動物の採食など

ヒメヒゴタイ キク科

Saussurea pulchella

長野県	VU
環境省	VU

生活形 越年草

花の色 淡紅紫色

高さ 30 ～ 150㎝

生育地 山地帯の日当たりよい草原や林縁

分布 県中南部。北海道～九州

特徴 葉は羽状深全裂し、長さ12 ～ 18㎝。上部でよく分枝し、多数の頭花をつける。総苞片は先端に淡紅紫色膜質の付属体がある。花期は8 ～ 11月。

危惧要因 土地の開発、管理放棄、採取、植生遷移の進行

類似種 ミヤコアザミの葉は羽状深裂。

コウリンカ キク科

Senecio flammeus subsp. *glabrifolius*

長野県	N
環境省	VU

生活形 多年草
花の色 橙色
高さ 50～60㎝
生育地 日当たりのよい山地の草原
分布 全県。本州

特徴 基部の葉はやや茎を抱く。頭花は6～13個、径3～4㎝。長い舌状花(ぜつじょうか)が反り返って咲く。花期は6～9月。
危惧要因 草地の管理放棄、自然遷移

マンセンカラマツ　キンポウゲ科

Thalictrum aquilegiifolium var. *sibiricum*

長野県	N
環境省	EN

生活形 多年草
花の色 白色
高　さ 80 ～ 120㎝
生育地 山地の草原
分　布 ほぼ全県。本州、四国、九州
特　徴 カラマツソウに似ている。托葉(たくよう)が2㎝と大きく、花は径1.5㎝。雌蕊(しずい)は3 ～ 8個。果実は下垂し、先端は切形となる。花期は7 ～ 8月。
危惧要因 植生遷移、土地開発
類似種 カラマツソウは托葉が小さく、果実の先端は尖る。

托葉

果実

シキンカラマツ　キンポウゲ科

Thalictrum rochebrunianum

長野県	NT
環境省	—

生活形　多年草

花の色　紅紫色

高さ　100～150㎝

生育地　山地の草地

分布　北信、佐久、諏訪、南信。本州（長野県、群馬県、福島県）

特徴　茎葉は数枚で、3回3出複葉。小葉は、1～3㎝。花茎を長く伸ばし、先の方に花序をつける。花は径約1㎝。萼片は長さ約6㎜で花時にも残り、花弁はない。雄蕊、雌蕊とも多数。花期は7～8月。

危惧要因　生育環境の変化、湿地開発、採取

果実

キンバイソウ　キンポウゲ科

Trollius hondoensis

長野県	NT
環境省	—

生活形 多年草
花の色 黄色
高　さ 1m
生育地 山地の草原、林縁
分　布 長野市、東信、中南信。本州中部地方、滋賀県

特　徴 茎は直立し、根生葉は、深く5裂する。花茎の先に径3～4㎝の花を付ける。花期は7～8月。
危惧要因 自然遷移、土地改変など

草原

ゴマノハグサ ゴマノハグサ科

Scrophularia buergeriana

長野県	EN
環境省	VU

生活形 多年草

花の色 黄緑色

高　さ 80 ～ 150㎝

生育地 山地帯のやや湿り気のある草地

分　布 中信、南信の一部。本州（関東南部・中部・中国）、九州

特　徴 茎や葉は無毛。下部の葉は長い柄があり、上部の葉は短い。穂状に密生した花序をつける。花期は7 ～ 8月。

危惧要因 草地の減少

オオヒナノウスツボ　ゴマノハグサ科

Scrophularia kakudensis

長野県	NT
環境省	—

生活形 多年草
花の色 暗赤褐色
高　さ 50 ～ 150㎝
生育地 低山～亜高山の林の縁や草原
分　布 ほぼ全県。九州～北海道

特　徴 葉は長卵形で6 ～ 10㎝で対生。花冠は長さ7 ～ 9㎜で先は5裂する。
危惧要因 土地改変、森林伐採。草地放棄

グンバイヅル　ゴマノハグサ科（オオバコ科）

Veronica onoei

長野県	NT
環境省	VU

生活形 多年草

花の色 青紫色

高　さ 10㎝

生育地 山地帯の林縁や砂礫地

分　布 北信、東信、中信。本州（長野県・群馬県）

特　徴 茎は長く地面を這い、節から根を出して広がる。葉は対生し、葉腋から直立する総状花序を出す。果実は軍配状。花期は7～8月。

危惧要因 踏みつけ、草地の管理放棄

ツルカコソウ　シソ科

Ajuga shikotanensis

長野県	NT
環境省	VU

生活形　多年草
花の色　淡紫色
高　さ　20 ～ 30㎝
生育地　山地の草原
分　布　中信、東信。本州
特　徴　地表面から走出枝を出して繁殖する。茎、葉に長い縮れ毛がある。茎上部の苞の脇に唇形花を輪状につける。花期は5 ～ 6月。
危惧要因　自生地の改変など
類似種　全体に粗い毛が密生するのをケブカツルカコソウという。

ムシャリンドウ　シソ科

Dracocephalum argunense

長野県	VU
環境省	VU

生活形 1～2年草か多年草

花の色 青紫色

高さ 20～40㎝

生育地 山地草原

分布 県中北部。北海道、本州（中部地方以北）

特徴 茎は四角で下向きの細毛があり、葉は対生し広線形、全縁で、長さ2～6㎝。茎頂に短い花穂をつくる。花冠筒部は急に太くなり、上唇の先は浅く凹み、下唇は3裂する。花期は6～8月。

危惧要因 自然遷移、草地の開発、園芸採取

シラネアオイ

シラネアオイ科（キンポウゲ科）

長野県	VU
環境省	—

Glaucidium palmatum

生活形 多年草
花の色 淡紫色
高　さ 15 ～ 50㎝
生育地 多雪地の山地帯から亜高山帯にかけての林内や林縁、雪渓ぎわ。草原
分　布 県北部。北海道、本州（中部以北の日本海側）
特　徴 太い根茎の先に、ふつう1枚の根生葉と1本の花茎をつける。花は花弁がなく、4枚の萼片が花弁のように見える。花期は5 ～ 7月。
危惧要因 採取圧、踏みつけ、森林伐採、生息地の自然遷移

ツキヌキソウ スイカズラ科

Triosteum sinuatum

長野県	VU
環境省	VU

生活形 多年草
花の色 淡黄緑色。内側は紫褐色。
高さ 50～100㎝
生育地 山地草原で土壌が深いところ
分布 長野、上田周辺、諏訪地方、東信。長野県

特徴 葉は基部が相対する葉の基部と合生して、その中を茎が突き抜く。全体に毛が多い。上部の葉腋に無柄で花を2～4個つける。花期は5～6月。
危惧要因 生育地の改変、採取など

オオマルバノホロシ　ナス科

Solanum megacarpum

長野県	VU
環境省	—

生活形 多年草

花の色 紫色

高　さ 15 ～ 40㎝

生育地 低地の草地や湿地

分　布 東信や北信の一部、白馬村。北海道、本州（中部地方以北）

特　徴 茎は匍匐（ほふく）する根茎から出て、つる性。葉は卵形～狭卵形で鋸歯（きょし）はなく、長さ4 ～ 9㎝。花冠は5片に裂ける。花期は8 ～ 9月。

危惧要因 湿地の乾燥化、草地の放棄による自然遷移

エンビセンノウ　ナデシコ科

Lychnis wilfordii

長野県	EN
環境省	VU

生活形 多年草
花の色 橙朱色
高　さ 50 ～ 80cm
生育地 低山の草地
分　布 中信、南信東北部、東信北東部。北海道、本州
特　徴 葉は、幅1 ～ 2cmで長さ3 ～ 7cm。花弁は深く4裂。萼は短く長さ12 ～ 18mm。花期は7 ～ 8月。
危惧要因 草原の減少など自然環境の変化

カラフトイバラ　バラ科

Rosa marretii

長野県	VU
環境省	—

草原

生活形 落葉低木

花の色 紫紅色

高　さ 約100～150㎝

生育地 高原・山地の草地

分　布 東信、諏訪市、伊那市。北海道、本州（群馬県・長野県）

特　徴 分枝が多く茎や枝は無毛。葉柄の基部には1対の刺（とげ）がある。葉は7～9小葉。小葉は長さ3～4㎝。花は小枝の先に1～3個つく。果実（萼筒）はやや球形で無毛。花期は6～7月。

危惧要因 採取圧、生息地の自然遷移

類似種 タカネバラの小葉は長さ1～3㎝の円形～楕円形で、亜高山帯から高山帯に分布している。

レンリソウ　マメ科

Lathyrus quinquenervius

長野県	NT
環境省	—

生活形 多年草

花の色 紫色

高　さ 30 ～ 80㎝

生育地 湿った草地

分　布 全県、主に中信、東信。本州、九州

特　徴 つる性。茎は3稜形で、幅1～2㎜の2枚の翼がある。葉は羽状複葉。小葉は2～6枚、狭長楕円形で鋭形。巻きひげは分岐しない。花は総状花序。花期は6～7月。

危惧要因 自然遷移、踏みつけ、土地造成

類似種 キバナレンリソウは伊吹山に自生する外来種。

ムラサキ　ムラサキ科

Lithospermum erythrorhizon

長野県	CR
環境省	EN

草原

生活形 多年草

花の色 白色

高さ 40～70㎝

生育地 山地の草原

分布 全県。北海道～九州

特徴 根は太く、色素シコニンを含み染料に用いられる。茎には開出粗毛がある。葉は粗毛が密生し、数本の並行する脈が上面に凹む。花序に苞があり、やや分枝する。花期は6～7月。

危惧要因 道路工事、自然遷移、採取

ユウスゲ　ユリ科（ススキノキ科）

Hemerocallis thunbergii

長野県	NT
環境省	—

生活形 多年草

花の色 淡黄色

高　さ 70 ～ 110㎝

生育地 山地帯下部の草原。林縁

分　布 全県。本州、四国、九州

特　徴 キスゲとも言い、花は夕方に開く。葉は狭く1㎝ほど。花は径9㎝。花期は7 ～ 8月。

危惧要因 草地の管理停止、土地開発、自然遷移、動物食害など

類似種 ニッコウキスゲは、ユウスゲより高地に生え、葉の幅は1.5㎝。花の色は鮮黄色。

アツモリソウ　ラン科

Cypripedium macranthos var. *speciosum*

長野県	CR
環境省	VU

生活形 地生ラン
花の色 紅紫色
高さ 20～40㎝
生育地 山地帯上部～亜高山帯の草原や疎林内
分布 県南部を除く。北海道、本州（中部地方以北）
特徴 茎、葉ともに毛がある。葉は互生し、長楕円形である。茎頂に花を1個咲かせる。唇弁(しんべん)は大きな袋状。花期は6～7月。
危惧要因 園芸採取、ニホンジカの採食
類似種 ホテイアツモリ（別掲p180）は、花の直径が10㎝とやや大形で花色が濃い。

キバナノアツモリソウ　ラン科

Cypripedium yatabeanum

長野県	EN
環境省	VU

生活形 地生ラン
花の色 淡黄緑色で褐色の斑紋がある
高　さ 10～30㎝
生育地 亜高山帯の落葉樹林下や草原、丈の低い笹の中
分　布 県北西部、中部。北海道、本州（中部地方以北）
特　徴 葉は1対。脈と縁に短毛が密生。茎頂に花を1つ咲かせる。唇弁は袋状で長さ2.5～3㎝。花期は6～7月。
危惧要因 園芸採取、ニホンジカの採食

ヤマトキソウ ラン科

Pogonia minor

長野県	EN
環境省	—

生活形 地生ラン
花の色 淡い白色。唇弁の中央裂片は赤紫
高さ 10～20㎝
生育地 山地帯から亜高山帯の日当たりのよい草地
分布 県中北部。北海道～九州
特徴 根茎は横に這い、地上茎を出す。花は直立し、ほとんど開かない。花被片の長さは1～1.5㎝。花期6～8月。
危惧要因 園芸採取、自然遷移
類似種 トキソウ（別掲p77）は湿地に生え、やや大きい。

コケリンドウ　リンドウ科

Gentiana squarrosa

長野県	CR
環境省	—

生活形 越年草
花の色 紫色
高　さ 3～5㎝
生育地 日当たりのよい草地
分　布 長野県内は軽井沢町、松本市、木曽福島町。茅野市。本州～琉球
特　徴 茎はよく枝分かれする。根生葉が茎葉より大きい。萼裂片が反り返り、花冠の長さが萼の長さの2倍以下。花期は4～5月。最近、富士見町と茅野市で約90年ぶりに再発見された。
危惧要因 草地の管理停止
類似種 フデリンドウはよく似るが、萼裂片が反り返らない。

センブリ　リンドウ科

Swertia japonica

長野県	NT
環境省	—

生活形 一年草
花の色 白色
高　さ 15 ～ 25㎝
生育地 日当たりのよい草地
分　布 ほぼ全県。北海道～九州
特　徴 茎は暗紫色を帯び、よく分枝する。葉は長さ2㎝ほど。花冠は深く5裂し、長さ1㎝くらい。非常に苦みがあり、胃腸薬。花期は8 ～ 10月。
危惧要因 生育地の改変、自然遷移

Column

絶滅危惧植物の域外保全―植物園で守る

白山の高山植物を保全研究するための施設（石川県白山市）。温室や圃場、高山植物園（別の場所）も併設する。種子を採取し、保護増殖事業や人々への啓発事業も行っている

野外で生育する自生植物は、さまざまな要因で種の存続が難しい状況になっている。一度絶滅危惧植物となってしまうと、もう元に戻らない場合もある。長野県では数種の絶滅危惧植物の保護回復事業を行っているが、対象種数はわずかである（別項）。一般的に対象とする植物を保全する場合、その生育地域で存続を図ることを「域内保全」という。また、他の地域への移植や、種子などを保存して存続を図ることを「域外保全」という。ここでは域外保全について説明したい。

域外保全とは、ある貴重種を保全する場合、生育地ではできなかったり、生育地が開発などで失われてしまう場合、他の場所に移植することをいう。それが困難だったり、維持管理することができない場合、植物園で保存することがある。植物園では、園内や植木鉢に植栽しての保存や、増殖を進めている。種子から苗を作って増殖し、元の生育場所に移植している場合もある。また、生育個体でなく安全性のある種子で保存する場合もある。環境省が管理する新宿御苑（ぎょえん）（東京都新宿区）には、日本の絶滅危惧種を中心とする植物の種子を冷凍保存するセンターがある。

長野県は自然が豊かで、貴重種や固有種が多く、絶滅危惧種も多数ある地域だが、残念ながら県立の植物園はない。公立では、本格的なものとしては軽井沢町植物園のみ。市町村の公園には、片隅に野生植物園を設けている場合があるが、学術的ではない。信州大学にもない。日本の主な植物園からなる公益社団法人日本植物園協会の会員になっている植物園は、県内では民間の白馬五竜高山植物園のみである。軽井沢町植物園には、県内の多くの絶滅危惧種が保存されている。また白馬五竜も、日本植物園協会と協力して高山植物の域外保全（絶滅危惧植物や種子の保存）を図りつつある。

地球温暖化で高山植物の絶滅が危惧されている時代。長野県としても、ぜひ県立の植物園を設け、高山植物や絶滅危惧植物等を保存するような態勢をとってほしいものである。なお、近県では富山、新潟に立派な県立植物園がある。　（土田）

図鑑

森林

　ここでいう森林とは、里山の「里山林」とは違い、ほとんど人手が入っていないか、かつては伐採などが行われたが、長い年月放置されている自然林である。

　このような森林も伐採や、道路建設、植林、観光開発などで失われつつある。森林には希少な植物が多く、森林の消失のみならず、園芸採取によって失われたり、登山道周辺などでは踏み荒らされたりしているものもある。いくつかの絶滅危惧植物は、里山林と生育地を共通するものもある。

　このような森林にも進出したニホンジカは、林床の植物を採食するだけでなく、樹木の幹の皮も食べて枯らしてしまう。森林では、もともとの希少植物がこれらの理由で失われ、絶滅危惧植物となっているものが多い。

キャラボク　イチイ科

Taxus cuspidata var. *nana*

長野県	NT
環境省	—

生活形 常緑低木

花の色 –

高　さ 2 ～ 4m

生育地 山地～高山帯の多雪地帯

分　布 県北部。秋田県から鳥取県の日本海側

特　徴 イチイの変種。雌雄異株。根元から枝が分かれて横に広がる。葉は枝にらせん状につく。雌木は秋に赤い実をつける。花期は3 ～ 5月。

危惧要因 生育地が限定、自生地の改変

類似種 イチイは高木となり、葉は2列に水平に並ぶ。

イチイ

コシノカンアオイ　ウマノスズクサ科

Asarum megacalyx

長野県	N
環境省	NT

生活形 多年草

花の色 紫黒色

高　さ 10㎝

生育地 山地の木陰

分　布 県北部。福井県～山形県の日本海側

特　徴 葉は長さ6～9㎝、表面に光沢があり、径3㎝ほどの円筒形の花をつける。先は3裂する。花期は3～5月。

危惧要因 生育地の土地改変、園芸採取

ヒメカンアオイ　ウマノスズクサ科

Asarum takaoi

長野県	NT
環境省	—

生活形 常緑多年草
花の色 淡緑色～暗紫色
高　さ 5～8㎝
生育地 山地林の林床、谷筋
分　布 県南部。本州、四国

特　徴 葉は長さ5～8㎝、幅4～7㎝の円腎形。花の色は様々。径1.5㎝、カンアオイの中では小型。花期は3～5月。
危惧要因 自生地が限定、園芸採取

レンゲショウマ　キンポウゲ科

Anemonopsis macrophylla

長野県	NT
環境省	—

森林

生活形 多年草
花の色 淡紫色
高　さ 花期には1m
生育地 山地の木陰
分　布 長野市以南。本州の太平洋側
特　徴 根生葉は40㎝、花期に花茎を伸ばし、1mにも伸びるものがある。上部に数個の花を下向きにつける。花期は7～8月。
危惧要因 園芸採取、生育地の環境変化

オウレン キンポウゲ科

Coptis japonica

長野県	EN
環境省	—

生活形 常緑多年草

花の色 白色

高さ 15 ～ 40㎝

生育地 山地の樹林の林床、林縁

分布 北信北部、中信、東信。北海道、本州、四国

特徴 根生葉は1回3出複葉で艶がある。小葉は粗い鋸歯がある。花茎を伸ばし1 ～ 3個の径1㎝の花をつける。花期は3 ～ 4月。

危惧要因 森林伐採、園芸、薬用採取

サバノオ　キンポウゲ科

Dichocarpum dicarpon

長野県	CR
環境省	—

生活形 多年草

花の色 緑白色

高　さ 10～20㎝

生育地 落葉樹林の木陰

分　布 南信の一部。九州

特　徴 茎に軟毛があり、根元から数枚の根生葉を出す。根生葉は3小葉からなり、さらに2～3深裂する。花の大きさは1㎝で全開せず垂れ下がって咲く。実の形が鯖の尾に似ている。花期は4～5月。

危惧要因 森林伐採、園芸採取。県内で稀産

類似種 トウゴクサバノオ（長野県EN）は、県東部と南部に分布する。花は淡黄緑色で、径6～8㎜。東北南部から九州に分布。

チチブシロカネソウ　キンポウゲ科

Enemion raddeanum

長野県	NT
環境省	—

生活形 多年草

花の色 白色

高さ 20 ～ 35㎝

生育地 山地帯～亜高山帯下部の林下

分布 中信、東信、上伊那。本州（長野県以東）

特徴 葉は1 ～ 2回3出複葉で、小葉は3列して鋸歯（きょし）がある。上部の茎葉は輪生することが多い。花弁状の萼片は5枚。花期は5 ～ 6月。

危惧要因 自然遷移による生育環境の変化、採取による減少

類似種 アズマシロカネソウは、日本海側に生育し、花は半開してやや垂れ下がって咲く。

ミスミソウ　キンポウゲ科

Hepatica nobilis var. *japonica*

長野県	VU
環境省	NT

生活形 多年草

花の色 白色～薄紫色

高　さ 10～15㎝

生育地 山地の木陰、落葉樹林の林床

分　布 南信、上田市周辺、飯山市、小谷村。本州宮城、山形県以南～九州

特　徴 葉は越冬して長い柄があり、葉身は3裂し大きさは3～4㎝で先は尖る。花は1～2㎝で、色は白、桃、紫いろいろある。ユキワリソウともよばれる。花期は3～4月。葉や花が大きいものをオオミスミソウという。

危惧要因 園芸採取、森林伐採

類似種 葉の裂片の先が鈍頭なのをスハマソウという。

カリガネソウ　クマツヅラ科（シソ科）

Caryopteris divaricata

長野県	NT
環境省	—

生活形　多年草
花の色　紫色
高　さ　60 ～ 100㎝
生育地　山地の林縁
分　布　北信、中信、南信南部。全国

特　徴　葉は対生し、鋸歯がある。花冠の先は5裂し、下唇は大きく湾曲する。独特の匂(にお)いがある。花期は9月。
危惧要因　森林伐採、道路建設など

イナヒロハテンナンショウ　サトイモ科

Arisaema inaense

長野県	CR
環境省	CR

生活形 多年草
花の色 緑色、紫色
高　さ 15～25㎝
生育地 山地帯の落葉樹林下
分　布 中信、南信。長野県、岐阜県
特　徴 花茎が短く、仏炎苞（ぶつえんほう）に白く隆起した縦条が目立つ。葉は1枚で、小葉は全縁。花期は6月上旬～中旬。
危惧要因 生育地が少ない。採取や植生遷移による生育環境の変化

ミカエリソウ　シソ科

Leucosceptrum stellipilum

長野県	CR
環境省	—

生活形　草本状小低木
花の色　淡紅色
高　さ　40～100cm
生育地　山地の木陰
分　布　南信の一部。中部地方以西
特　徴　葉は対生で長さ15cm、幅10cm。茎、葉の裏面、花序に星状毛が密生する。花穂は直立し枝先に1～数個の長さ10cm花を密生する。夏季は9～10月。
危惧要因　土地の改変、森林伐採

シナノアキギリ　シソ科

Salvia koyamae

長野県	VU
環境省	VU

生活形 多年草
花の色 淡黄色
高さ 50～80㎝
生育地 山地の林内
分布 東信にまれ。長野県、群馬県
特徴 葉は広卵形で長さ10～20㎝。茎に腺毛がない。花冠は3㎝で大きく開き、花柱は上唇の先に長く伸びる。花期は9～10月。

危惧要因 森林伐採、土地改変など
類似種 キバナアキギリは本州から九州に分布する。茎に腺毛がある。葉は鉾型をしている。

エゾタツナミソウ　シソ科

Scutellaria pekinensis var. *ussuriensis*

長野県	VU
環境省	—

生活形　多年草
花の色　青紫色
高　さ　30 ～ 60㎝
生育地　山地林の林床
分　布　東信、木曽。北海道～本州
特　徴　葉は三角状広卵形で鋸歯があり、ほとんど無毛。花穂に数個の唇花を片側に2個ずつ並んでつける。花冠は長さ2㎝。花期は6 ～ 7月。
危惧要因　森林伐採、園芸採取

ナニワズ ジンチョウゲ科

Daphne pseudomezereum subsp. *jezoensis*

長野県	EN
環境省	—

生活形 落葉小低木

花の色 黄色

高　さ 40 ～ 50㎝

生育地 落葉樹林の林床

分　布 北信、中信西部。本州福井県から日本海側、北海道

特　徴 雌性両全異株。葉は枝の先端に互生し、長さ3 ～ 8㎝。盛夏に落葉する。花は2 ～ 10個が先端にまとまって咲く。液果は秋に赤橙色に熟す。花期は4 ～ 5月。

危惧要因 生育地の自然遷移、森林伐採

両性花　雌性花

ハナヒョウタンボク　スイカズラ科

Lonicera maackii

長野県	VU
環境省	VU

生活形 落葉低木
花の色 白色
高　さ 2～4m
生育地 湿原の周り
分　布 東信。本州中部（長野県以北）、東北
特　徴 幹の樹皮は縦に裂ける。葉は長い楕円形。葉腋から枝を出し花を2個つける。果実は赤く熟す。種子は赤い液果。花期は6月。
危惧要因 湿原の開発、道路建設

ニッコウヒョウタンボク　スイカズラ科

Lonicera mochidzukiana

長野県	EN
環境省	—

生活形 落葉低木

花の色 白色

高　さ 2m

生育地 落葉樹林の林内、林縁

分　布 南信東部と木曽地方。西部。中部、関東北部

特　徴 葉は対生し、長楕円形で先は尖る。葉腋から枝を出し、1～2㎝の花を2個つける。実は球形で赤熟する。花期は5月。

危惧要因 森林伐採

オニヒョウタンボク　スイカズラ科

Lonicera vidalii

長野県	NT
環境省	VU

生活形 落葉低木
花の色 緑白色
高さ 5m
生育地 山地の林床
分布 東信。本州（長野県、群馬県、山陽地方）

特徴 葉は長楕円形で先端は尖り、両面に立毛が多い。葉腋から花柄が伸び2花をつける。液果は球形で紅実となる。花期は5～6月。
危惧要因 生育環境の変化

キバナウツギ　スイカズラ科

Weigela maximowiczii

長野県	EN
環境省	—

生活形 落葉低木
花の色 黄色
高　さ 2～3m
生育地 湿った林内
分　布 南信にまれに生育し、日本の南限に当たる。本州北部～中部

特　徴 よく枝分れし、葉は葉柄がない。長さ9㎝、幅4㎝の楕円形で鋸歯がある。花冠は漏斗(ろうと)状で長さ4㎝、先は5裂する。花期は5月。
危惧要因 森林伐採や開発

ハルトラノオ　タデ科

Bistorta tenuicaulis var. *tenuicaulis*

長野県	NT
環境省	—

生活形 多年草

花の色 白色

高さ 5～15㎝

生育地 山地の木陰

分布 長野県の中部、東部、南部。本州福島以西～九州

特徴 葉の長さは10㎝。葉の間から2～3㎝の花穂を出す。花期は5月。

危惧要因 生育地の改変

類似種 クリンユキフデは茎葉の基部が茎を抱く。

クリンユキフデ

オオバツツジ　ツツジ科

Rhododendron nipponicum

長野県	NT
環境省	—

生活形 落葉低木

花の色 黄白色

高さ 1 ～ 2m

生育地 山地帯から亜高山帯の林縁

分布 県北部多雪地。本州秋田県から福井県にかけての日本海側

特徴 葉の大きさが長さ10㎝、幅8㎝になる。枝先の1個の花芽に5 ～ 10個の花をつける。花期は6 ～ 8月。

危惧要因 森林伐採、土地改変

アカヤシオ　ツツジ科

Rhododendron pentaphyllum var. *nikoense*

長野県	NT
環境省	—

生活形 落葉低木

花の色 濃～薄桃色

高　さ 3～5m

生育地 落葉広葉樹林の林内、林縁、岩山、河畔

分　布 県東部、南部。東北地方～鈴鹿山地

特　徴 葉は楕円形で、枝先に5枚輪生する。花は葉よりも先に枝の先端に1～2個下向きにつく。花冠は径5㎝、深く5裂する。花期は4～5月。

危惧要因 生育地が限定、園芸採取

タガソデソウ　ナデシコ科

Cerastium pauciflorum var. *amurense*

長野県	NT
環境省	VU

生活形 多年草
花の色 白色
高　さ 30 ～ 50cm
生育地 林内、林縁
分　布 全県。長野、岐阜、山梨県

特　徴 茎に細毛がある。葉は長さ8cm、幅1cmで対生。花は直径2cm以下。花弁は色薄く半透明。花期は5 ～ 6月。
危惧要因 土地開発、河川工事

マメザクラ　バラ科

Prunus incisa

長野県	NT
環境省	―

生活形 中低木
花の色 白～薄桃色
高　さ 3～10m
生育地 落葉樹林～亜高山帯林
分　布 県中部、東部、南部。本州中部
特　徴 葉は広楕円形で長さ5㎝、幅3㎝。葉の縁は重鋸歯。細い枝を長く伸ばす。花は小さく1～2㎝。花期は4～5月。
危惧要因 森林伐採、森林の管理放棄

ハスノハイチゴ バラ科

Rubus peltatus

長野県	NT
環境省	NT

森林

生活形 落葉低木
花の色 白色
高さ 50～100㎝
生育地 山地の林縁
分布 木曽地域。本州中部以西～九州
特徴 茎は刺(とげ)がある。葉は卵円形で浅く切れ込み、長さ5～20㎝と大型で葉の3分の1あたりに葉柄がつく。花は枝端に1個つく。径3～4㎝で5花弁。果実は長楕円形で長さ4～9㎝となり下垂する。花期は6月。
危惧要因 生育地の改変

森林

サナギイチゴ　バラ科

Rubus pungens var. *oldhamii*

長野県	N
環境省	VU

生活形 小低木
花の色 白色
高　さ 20 ～ 30㎝
生育地 山地の林内、林縁
分　布 全県。本州～九州
特　徴 茎は細長く伸びて刺がある。葉は羽状複葉で小葉は5 ～ 7枚、長さ2 ～ 4㎝。花は径1㎝。がくには刺が密生する。花期は5 ～ 6月。
危惧要因 森林伐採

ヤマシャクヤク　ボタン科

Paeonia japonica

長野県	VU
環境省	NT

生活形 多年草
花の色 白色
高さ 30 ～ 50㎝
生育地 落葉樹林の林床
分布 ほぼ全県。北海道～九州
特徴 葉は楕円形で長さ10㎝。花は茎の上に1つつける。直径5㎝で花弁は5枚、雄蕊(ゆうずい)は3個。夏季は5 ～ 6月。
危惧要因 園芸採取、生育地の改変
類似種 ベニバナヤマシャクヤク（別掲p166）は茎の先に淡紅色の1個の花をつける。長野県ではENとなっている。

ベニバナヤマシャクヤク ボタン科

Paeonia obovata

長野県	EN
環境省	VU

生活形 多年草

花の色 紅桃色

高さ 30 ～ 50㎝

生育地 落葉樹林の林床

分布 全県。本州～九州

特徴 葉は2 ～ 3枚互生し、2回3出複葉。小葉は長楕円形で長さ10㎝内外。花は茎の上に1つつける。直径5㎝で花弁は5、6枚。雄蕊は3個、柱頭は渦巻き状に巻く。花期は5 ～ 6月。

危惧要因 園芸採取、生育地の改変

類似種 ヤマシャクヤク（別掲p165）

ヒメバラモミ　マツ科

Picea maximowiczii

長野県	VU
環境省	VU

生活形 常緑高木
花の色 －
高　さ 25 ～ 35m
生育地 山地帯～亜高山帯の主に石灰岩地の適潤な山腹斜面
分　布 南信、東信。本州
特　徴 樹皮は灰色～灰褐色で厚い鱗片状にはがれる。葉は長さ6 ～ 13㎜、横断面は四角形。若枝は黄褐色または赤褐色で無毛。

危惧要因 生育地・個体数が少ない。森林伐採
類似種 ヒメバラモミの自生地周辺にはヒメマツハダも分布する。

ヒメマツハダ

球果

エゾムラサキ　ムラサキ科

Myosotis sylvatica

長野県	VU
環境省	—

生活形 多年草
花の色 花冠は淡青紫色
高　さ 20 ～ 40㎝
生育地 深山の林内
分　布 中信西部、南アルプス。北海道、本州（中部）

特　徴 全体に開出する粗毛がある。基部の葉はさじ形、上部の葉はやや茎を抱く。花期は5 ～ 7月。
危惧要因 園芸採取、森林伐採

ツルカメバソウ　ムラサキ科

Trigonotis iinumae

長野県	NT
環境省	EN

生活形 多年草
花の色 淡青色
高　さ 10 ～ 30㎝
生育地 山地帯の林内
分　布 東信。本州中部以北
特　徴 タチカメバソウに似ているが、茎の上部から走出枝を出し長く伸びる。葉は互生し長さ3 ～ 7㎝で先が尖る。花は7 ～ 10㎜で7 ～ 10個つける。花期は5 ～ 6月。
危惧要因 生育地の改変、森林開発

トガクシソウ　メギ科

Ranzania japonica

長野県	CR
環境省	NT

別名▶トガクシショウマ

生活形 多年草
花の色 薄紫色
高　さ 30 ～ 60㎝
生育地 落葉樹林の林床
分　布 長野県北部。本州中部、北部（日本海側多雪地）

特　徴 葉は茎上部に対生、小葉は浅裂し10㎝程になる。花は2㎝で3～5個やや下向きにつく。花期は5 ～ 6月。
危惧要因 園芸採取、森林伐採

ボタンネコノメソウ　ユキノシタ科

Chrysosplenium kiotoens

長野県	NT
環境省	—

森林

生活形 多年草
花の色 －
高　さ 5 ～ 25㎝
生育地 山地の沢沿いの湿性地
分　布 南信、中信、大北。長野県以西
特　徴 葉は毛がなく対生する。数枚の根生葉が地面に広がり、網状の葉脈が白く目立つ。苞葉は卵形で長さ1 ～ 2㎝、一部黄色。萼裂片は4個で直立し暗褐色。花期は4 ～ 5月。
危惧要因 生育地の改変

ホソバノアマナ　ユリ科

Lloydia triflora

長野県	NT
環境省	—

生活形 多年草
花の色 白色
高　さ 20～25㎝
生育地 林床、草原
分　布 ほぼ全県。北海道～九州

特　徴 葉の幅は3～6㎜、大きさ1㎝ほどの花を花茎の先に2～4個つける。花期は5～6月。
危惧要因 土地造成、道路工事、園芸採取

ホトトギス　ユリ科

Tricyrtis hirta

長野県	NT
環境省	—

森林

生活形 多年草
花の色 白色で紫色斑点
高　さ 30 ～ 70㎝
生育地 林内、日陰地
分　布 下伊那、南信、北信の一部。本州関東～九州
特　徴 葉は長楕円形で長さ10㎝、軟毛が多く、基部は茎を抱く。花は3㎝以下で、白地に紫色の斑点が多数つく。花期は9月。
危惧要因 土地の改変、採取
類似種 ヤマジノホトトギスの葉はまばらに毛があり、花は白色で少数の紫斑がある。

エビネ ラン科

Calanthe discolor

長野県	CR
環境省	NT

生活形 地生ラン
花の色 帯紅色か白色
高さ 15 ～ 40㎝
生育地 落葉樹林の林床
分布 県北部、最南部。北海道（西南部）、本州、四国、九州
特徴 葉は2 ～ 3枚が茎の根元につき、花茎には短毛があり、上部に十数個の花を咲かせる。花期は5 ～ 6月。
危惧要因 園芸採取、森林伐採

ナツエビネ　ラン科

Calanthe reflexa

長野県	CR
環境省	VU

森林

生活形 多年草
花の色 白〜薄紫色
高　さ 20 〜 30㎝
生育地 落葉樹林の湿った林床
分　布 小谷村、南木曽町。本州〜九州
特　徴 葉は3 〜 5枚で地面から生え長さ15 〜 25㎝。唇弁は長く下垂し3裂。エビネが春咲くのに対し、7 〜 8月に咲く。
危惧要因 園芸採取

サルメンエビネ　ラン科

Calanthe tricarinata

長野県	CR
環境省	VU

生活形 地生ラン
花の色 黄緑色
高　さ 20 ～ 40㎝
生育地 山地帯林内
分　布 北信北部、木曽。北海道～九州
特　徴 葉は3 ～ 4枚茎を抱く。長さ6 ～ 8㎝。唇弁は3裂し、紅褐色でサルの面のようである。花期は6月。
危惧要因 園芸採取、森林開発など

ホテイラン　ラン科

Calypso bulbosa var. *speciosa*

長野県	CR
環境省	EN

生活形 地生ラン
花の色 淡紅色
高　さ 10～15㎝
生育地 亜高山帯針葉樹林の林床
分　布 八ヶ岳、南アルプス。本州中部

特　徴 葉は楕円形で3～5㎝、数本の縦じわがある。花は美しく唇弁の先は2裂し突き出る。花期は6月。
危惧要因 園芸採取、踏み荒らし

コアツモリソウ　ラン科

Cypripedium debile

長野県	CR
環境省	NT

生活形 地生ラン

花の色 淡黄緑色

高　さ 10～20㎝

生育地 山地帯から亜高山針葉樹林の林床

分　布 県南部にまれ。北海道、本州中部、北部。四国

特　徴 葉は茎の先に2枚が対生し広卵形で長さ6㎝。葉の間から果柄が垂れ下がり径1㎝の花を1個つける。花期は6月。

危惧要因 園芸採取、森林伐採

クマガイソウ　ラン科

Cypripedium japonicum

長野県	CR
環境省	VU

森林

生活形 地生ラン
花の色 白緑色
高　さ 30 ～ 50㎝
生育地 山地帯林床
分　布 南信が主。北海道～九州
特　徴 扇型の15㎝の大葉を合わせるように2枚つけ、中央から茎を伸ばし先に10㎝ほどの大きな袋状の花を1個つける。花期は5月。
危惧要因 園芸採取、森林伐採など

ホテイアツモリ　ラン科

Cypripedium macranthos var. *macranthos*

長野県	CR
環境省	CR

別名▶ホテイアツモリソウ

生活形 地生ラン
花の色 濃い赤紫色
高さ 30～50㎝
生育地 明るい林内、草原
分布 南アルプス北部。北海道

特徴 アツモリソウの変種で、花が大きく色が濃い。分布が限られている。花期は6月～7月。
危惧要因 園芸採取、野生動物の採食
類似種 アツモリソウ（別掲p133）

イチヨウラン　ラン科

Dactylostalix ringens

長野県	NT
環境省	—

森林

生活形　地生ラン
花の色　白色と緑色
高　さ　10 ~ 20㎝
生育地　亜高山帯林内
分　布　全県。北海道～九州
特　徴　名前の通り葉は1枚で卵形。夏季に花を頂生する。
危惧要因　園芸採取、森林伐採

森林

ホザキイチヨウラン ラン科

Malaxis monophyllos

長野県	NT
環境省	—

生活形 地生ラン

花の色 淡緑色

高さ 15 ～ 30㎝

生育地 針葉樹林やブナ林の林床

分布 全県。北海道～琉球

特徴 葉は茎の下部に1枚、ときに2枚。花茎の中部から上部に小型の花を穂状に多数つける。花期は7 ～ 8月。

危惧要因 自然遷移、動物の採食、踏みつけ

カモメラン　ラン科

Orchis cyclochila

長野県	EN
環境省	NT

生活形 地生ラン
花の色 桃色
高さ 10～15㎝
生育地 亜高山の湿り気の多い林縁や岩上
分布 北信北部、中信、南信北部、木曽。本州中部以北、北海道、紀伊半島、四国
特徴 葉は根元に1個で基部を包む。花茎の頂部に2、3個の花をつける。唇弁には小さな濃赤紫色の斑点が多数ある。花期は7～8月。
危惧要因 園芸採取、生育地の改変

コケイラン　ラン科

Oreorchis patens

長野県	NT
環境省	—

生活形 地生ラン

花の色 黄褐色

高さ 30 ～ 50㎝

生育地 山地帯上部のやや湿った落葉広葉樹林の林床、林縁

分布 ほぼ全県。北海道～九州

特徴 根元には偽鱗茎(ぎりんけい)が連なり、先端の球の先から1 ～ 2枚、球の側方から花茎を1本出す。夏は枯れて秋に新葉が出る。花弁は淡く前部に赤い斑点がある。花期は6 ～ 7月。

危惧要因 生息環境の破壊、園芸採取

ショウキラン　ラン科

Yoania japonica

長野県	VU
環境省	—

生活形 腐生植物
花の色 地上部全体が紅色
高　さ 10～15㎝
生育地 ササ原、林床
分　布 県西北部、中信西部、諏訪地方、南信南部など。北海道西南部～九州
特　徴 茎頂部に2㎝程度の数個の花をつける。通常の葉はない。花期は7～8月。
危惧要因 土地開発、採取

ヤシャイノデ　オシダ科

Polystichum neolobatum

長野県	CR
環境省	EN

生活形 常緑性シダ
花の色 －
高　さ 40 ～ 80㎝
生育地 山地の沢状地
分　布 南信の一部。神奈川県、山梨県

特　徴 葉身は狭披針形で細長く、2回羽状複葉。溶質は固く厚い。深緑色で光沢がある。
危惧要因 生育地の環境変化、ニホンジカの採食

小型個体

シカによる食害

図鑑

岩場

岩地や岩礫地、崖などで岩の間に根を張って辛うじて生育している植物がある。また、石灰岩や蛇紋岩など、特殊な岩石地帯に生育している植物もある。また、ぬれた岩や乾いた岩もある。このような特異な環境には特殊な植物や希少植物が多い。

このような岩場が開発で破壊されれば、そこに生育する植物は失われてしまう。また、希少植物が多いため、園芸採取などによって失われ、多くの植物が絶滅の危機にさらされている。

ヒメシャガ アヤメ科

Iris gracilipes

長野県	VU
環境省	NT

生活形 多年草
花の色 淡藍紫色
高　さ 15 〜 30㎝
生育地 やや乾燥した林内や岩場
分　布 県北部、南部。北海道（西南部）〜九州（北部）
特　徴 地下茎は横に這って分枝し繁殖する。葉は薄く長さ20 〜 40㎝、幅5 〜 12㎜、淡緑色。花は径4 〜 5㎝で、茎の最上苞に1個の花をつける。花期は5月下旬〜 6月。
危惧要因 園芸採取、森林伐採、土地改変
類似種 シャガは常緑多年草で、葉は厚く光沢がある。花は径5㎝。

アカテンオトギリ　オトギリソウ科

Hypericum hakonense var. *rubropunctatum*

長野県	NT
環境省	—

生活形 多年草

花の色 黄色

高　さ 10～15㎝

生育地 礫地、草地

分　布 中信、北信、東信。長野県

特　徴 高地に生育する小型のオトギリソウ。葉に赤点があり、通常極めて硬い。蕾（つぼみ）は赤色を呈す。花期は6～8月。

危惧要因 踏みつけ、採取、自然遷移など

類似種 他のオトギリソウ類とは葉に赤点があることで区別される。

イワシャジン　キキョウ科

Adenophora takedae

長野県	CR
環境省	—

生活形　多年草
花の色　紫
高　さ　30 ～ 40㎝
生育地　山中の岩場
分　布　東信、南信。本州、中部地方南東部
特　徴　岩場に垂れ下がって生育する。花はキキョウに似た釣り鐘形で2㎝前後。花期は9 ～ 10月。

危惧要因　分布が少なく道路工事などで失われる。園芸採取

シナノコザクラ　サクラソウ科

Primula tosaensis var. *brachycarpa*

長野県	EN
環境省	NT

生活形 多年草
花の色 紅紫色
高　さ 10 ～ 30㎝
生育地 山地の石灰岩の岩場
分　布 南アルプス。本州（中部地方南部）。長野県は西限
特　徴 根茎は短く、数枚の葉を束生（そくせい）する。葉の表面は艶があり、毛がない。花は5 ～ 10㎝の花茎を伸ばしその先に数個、散形につける。花期は4 ～ 6月。
危惧要因 生息地の自然遷移、園芸採取

ハコネコメツツジ　ツツジ科

Tsusiophyllum tanakae

長野県	CR
環境省	VU

生活形　半常緑低木

花の色　白色

高　さ　100㎝以下

生育地　山地帯の岩場

分　布　県東部。本州中部の東部、伊豆諸島

特　徴　よく分枝して、枝には褐色の剛毛が密生する。葉は互生で長さ7 ～ 10㎜で小さい。両面に剛毛が密生する。花は枝先に1 ～ 3個、筒状で浅く5裂する。花期は6 ～ 7月。

危惧要因　自然遷移、園芸採取

類似種　チョウジコメツツジは本州中部以北の亜高山帯の岩場に生育し、花冠の筒部は長く先は4浅裂する。

チョウジコメツツジ

チチッパベンケイ　ベンケイソウ科

Sedum sordidum

長野県	VU
環境省	—

生活形 多年草

花の色 淡黄緑色

高さ 15 ～ 40㎝

生育地 山地の岩上や樹上。石垣

分布 北信、東信。本州（東北、中部地方北部）

特徴 葉は汚赤褐色で通常は互生（まれに対生）、卵形から卵円形で長さ2 ～ 4㎝、幅1.5 ～ 3㎝。基部はくさび形で短い葉柄になる。花弁は長さ3.5 ～ 5㎜。花期は8 ～ 10月。

危惧要因 生息地の自然遷移、土地改変

イワチドリ　ラン科

Amitostigma keiskei

長野県	CR
環境省	EN

生活形 多年草
花の色 淡紅紫色
高　さ 8～12㎝
生育地 低山帯の岩上
分　布 南部。本州・四国
特　徴 葉は1枚で長楕円形で、長さ4～7㎝。葉の基部は茎を抱く。花は数個が一方に傾いて咲き、唇弁が大きく、距（きょ）は短い。
危惧要因 園芸採取

イワオモダカ　ウラボシ科

Pyrrosia hastata

長野県	VU
環境省	—

生活形 常緑性シダ
花の色 ー
高　さ 10 ～ 30㎝
生育地 やや乾燥した岩上や樹幹
分　布 県中部、南部。北海道～九州
特　徴 葉は長さ20 ～ 30㎝で、葉身は3 ～ 5裂し、質はやや厚く、葉表面は灰褐色から赤褐色の星状毛が密生し、褐色に見える。乾燥に強く、乾燥すると葉の表に巻き込む。胞子のう群は葉の裏一面につく。
危惧要因 園芸採取、土地改変、野生動物の採食

イチョウシダ　チャセンシダ科

Asplenium ruta-muraria

長野県	NT
環境省	NT

生活形 常緑性シダ
花の色 －
高　さ 10cm以下
生育地 石灰岩地
分　布 全県。北海道〜九州
特　徴 石灰岩上や隙間に生育する小型のシダで、葉の小羽片がイチョウの葉に似ている。胞子のうは小羽片の裏面に数個つき、熟すと小羽片を覆う。
危惧要因 園芸採取、石灰岩採掘

オオクボシダ　ヒメウラボシ科（ウラボシ科）

Xiphopteris okuboi

長野県	NT
環境省	—

生活形 常緑性シダ
花の色 −
高　さ 10㎝
生育地 暖温帯樹林の岩上や樹幹
分　布 県中部、南部。本州（暖地）、四国、九州
特　徴 葉は長さ3～15㎝、幅は3～6㎜。羽状深裂し、葉全体に赤褐色～黒褐色の長毛が生えている。根茎は短く斜上する。胞子のう群は楕円形で羽片の基部に1個ずつつく。
危惧要因 自生地の改変など

ヤツガタケシノブ

ホウライシダ科
（イノモトソウ科）

Cryptogramma stelleri

長野県	EN
環境省	NT

生活形 夏緑性シダ

花の色 ー

高　さ 5 ～ 15㎝

生育地 亜高山帯～高山帯の樹林下の湿った岩上や岩陰

分　布 八ヶ岳、白馬岳、北ア、南ア。本州中部

特　徴 根茎はつる状に長く伸びる。葉は小型で長さ5 ～ 15㎝、葉身は1 ～ 2回羽状複葉で、二形性がある。栄養葉と胞子葉の二形性がある。胞子のう群は葉の縁につく。

危惧要因 産地が限定

図鑑 高山

高山帯という厳しい環境に生育する高山植物は、それ自体が貴重なものである。以前は、かなり園芸採取や薬草として採取されたが、今は高山植物保護の体制が整って、採取による消失は少なくなった。しかし、その当時に失われたものが、そのまま絶滅危惧植物となっているものがある。また、登山道周辺の踏み荒らしや荒廃で、局地的に少なくなったものもある。

高山帯は、少しの人為的影響や、自然の変化で生育ができなくなって絶滅危惧種となってしまう。もともと希少性(個体数が少ない)があり、地域特性もあり、また脆弱(ぜいじゃく)なため、絶滅の恐れがある高山植物が多数ある。

なお、最近は特に南アルプスや八ヶ岳の高山帯にまでニホンジカが出現して高山植物を採食しており、中には高山植物群落そのものが消失しているところもある。これが北アルプスなど長野県中部、北部の山岳に及ぶことが強く懸念されている。

シロウマアカバナ　アカバナ科

Epilobium foucaudianum var. *shiroumense*

長野県	NT
環境省	—

生活形 多年草

花の色 淡紅色

高　さ 5 ～ 20㎝

生育地 高山帯の流水縁

分　布 県北部、中部。北海道・本州中部地方

特　徴 葉は対生、数対つけ、披針形ないし楕円形、長さ1 ～ 3㎝、幅3 ～ 12㎜。花は1 ～ 数個が上部の葉腋につき、花柄には腺毛がある。柱頭は棍棒（こんぼう）状。種子は長さ約1.2㎜で乳頭状突起がない。

危惧要因 産地がやや少ない

ミヤマイ イグサ科

Juncus beringensis

長野県	NT
環境省	NT

生活形 多年草
花の色 濃褐色
高さ 15 ～ 40㎝
生育地 高山帯の流水縁や湿った草原
分布 北信、中信、南信。北海道～本州中部地方以北

特徴 地上茎は20本内外を叢生(そうせい)し、径2 ～ 3㎜。茎の先に花序をつける。花序の苞は短く、花序よりわずかに長い程度。
危惧要因 産地がやや少ない

ヒゲナガコメススキ イネ科

Stipa alpina

長野県	CR
環境省	EN

生活形 多年草
花の色 –
高　さ 15～30㎝
生育地 高山帯の砂礫地
分　布 県北部。本州（北アルプス白馬山系、南アルプス北岳）
特　徴 稈はやや叢生し、葉は糸状、径0.5㎜前後。花序は円錐形でまばらに10個内外の小穂がつく。小穂は長さ約5㎜、1小花からなる。小花からは、羽状で長さ2㎝程度の長芒が出る。
危惧要因 産地が限定、踏みつけ

タカネクロスゲ　カヤツリグサ科

Scirpus maximowiczii

長野県	CR
環境省	VU

生活形 多年草

花の色 帯黒灰色

高さ 15 ～ 40㎝

生育地 亜高山帯～高山帯の湿った草原

分布 県北部。北海道～本州中部地方以北

特徴 基部に葉を叢生し、2 ～ 3枚は茎につく。葉の長さは3 ～ 7㎝、幅3 ～ 6㎜。花序は頂生し、小穂は1 ～数個。

危惧要因 踏みつけ

アサギリソウ　キク科

Artemisia schmidtiana

長野県	VU
環境省	—

生活形 半低木

花の色 白色

高さ 15 ～ 30㎝

生育地 山地帯～亜高山帯下部の岩隙、岩礫地

分布 県北部、中部。北海道、本州（東北および中部地方の日本海側）

特徴 茎・葉・頭花に銀白色の絹毛が密生する。葉は扇形で長さ1 ～ 4.5㎝、2回羽状全裂。頭花は径3 ～ 4㎜、10個ほどが茎頂および枝先に総状につく。花冠上部に毛と腺点が多い。花期は8 ～ 10月。

危惧要因 踏みつけ、自生地の植生遷移

ダイニチアザミ　キク科

Cirsium babanum

長野県	VU
環境省	—

生活形 多年草
花の色 紅紫色
高さ 30 〜 70㎝
生育地 亜高山帯〜高山帯の草原
分布 県北部。北アルプス白馬山系、頸城山地に固有

特徴 根生葉は花時にも残り、葉身は羽状に深裂する。頭花は幅4 〜 4.5㎝と大形で単生し、長い花柄の先に点頭する。
危惧要因 産地が限定

ハッポウアザミ　キク科

Cirsium happoense

長野県	EN
環境省	EN

生活形 多年草

花の色 紅紫色

高さ 40 ～ 70㎝

生育地 蛇紋岩地の山地帯～亜高山帯の草原

分布 県北部。北アルプス八方尾根に固有

特徴 根生葉は花時に残らない。茎は単純もしくは上部でわずかに分枝する。茎葉は羽状に深く裂け、長さ12 ～ 20㎝。頭花は茎および長い枝の先に下向きに単生する。

危惧要因 産地が限定

シロウマアザミ　キク科

Cirsium nipponicum var. *shiroumense*

長野県	CR
環境省	—

生活形 多年草

花の色 紅紫色

高　さ 70 ～ 160㎝

生育地 蛇紋岩地の亜高山帯～高山帯の草原

分　布 県北部。北アルプス白馬山系に固有

特　徴 茎は上部でよく枝分かれする。根生葉は花時になく、茎葉は長さ12 ～ 20㎝、幅4 ～ 6㎝で披針形～広楕円形、全縁あるいは鋸歯縁で羽状に裂けない。花は点頭もしくは下向きに咲き、小型。総苞片は粘らない。花期は8 ～ 9月。

危惧要因 生育地が限定

ジョウシュウオニアザミ　キク科

Cirsium okamotoi

長野県	CR
環境省	—

生活形 多年草
花の色 紅紫色
高　さ 30～100㎝
生育地 亜高山帯～高山帯の草原
分　布 県北部。本州中部地方
特　徴 根生葉は花時にも残り、頭花は点頭。花冠の狭筒部は長さ7～8㎜で、広筒部と同長かわずかに長い。総苞片は粘る。花期は8～9月。
危惧要因 生育地が少ない。踏みつけ、自生地の植生遷移
類似種 オニアザミによく似るが、オニアザミは全体がより大型で、花冠の狭筒部が広筒部より短い。

コマウスユキソウ　キク科

Leontopodium shinanense

長野県	EN
環境省	NT

別名▶ヒメウスユキソウ

生活形 多年草
花の色 白色
高　さ 4～7㎝
生育地 高山帯の岩隙、岩礫地
分　布 県南部。本州中部（中央アルプスに固有）
特　徴 木曽山脈の固有種。全草白綿毛に覆われる。頭花は茎頂に2～3個が密集する。国内のウスユキソウの仲間では最も小型で頭花も少ない。
危惧要因 園芸採取、踏みつけ

タカネコウリンカ キク科

Senecio takedanus

長野県	NT
環境省	NT

生活形 多年草
花の色 橙黄色
高　さ 10 ～ 40㎝
生育地 亜高山帯～高山帯の乾いた草原
分　布 県北部、南部。本州中部地方
特　徴 根葉は花時にもあり、葉身は倒披針形または長楕円形で、長さ2.5 ～ 7㎝。茎葉は数個。頭花は径2 ～ 2.5㎝、数個ずつかたまってつく。総苞は黒紫色、舌状花(ぜつじょうか)は橙黄色で長さ約1㎝。花期は7月下旬～ 8月。
危惧要因 産地がやや少ない

ツクモグサ　キンポウゲ科

Pulsatilla nipponica

長野県	CR
環境省	EN

高山

生活形 多年草
花の色 淡黄色
高　さ 10～30㎝
生育地 高山帯の草原、砂礫地
分　布 県北部、南部。北海道・本州（北アルプス白馬岳・八ヶ岳）
特　徴 根生葉は2回3出複葉で、長い柄がある。葉は花よりやや遅れて展開する。花茎は1本、高さ15～20㎝。花は花茎の先に単生し、上向きに咲く。萼片の外側に白色の長軟毛を密生する。花期は7月。
危惧要因 産地が少ない。踏みつけ、園芸採取

タカネキンポウゲ　キンポウゲ科

Ranunculus sulphureus

長野県	DD
環境省	EN

生活形 多年草

花の色 黄色

高　さ 8～15㎝

生育地 高山帯の湿った礫地

分　布 県北部。本州中部方（国内では北アルプス白馬山系のみに分布）

特　徴 背丈の低い小型の植物で、花は径2㎝内外、萼片と花弁は同長で、萼片の外側に黒褐色の長毛を密生する。

危惧要因 産地が極めて限定

類似種 本種と同地域にはより小型で萼片の外側に白色の毛があるクモマキンポウゲ（長野県DD）も分布する。

ヒメカラマツ　キンポウゲ科

Thalictrum alpinum var. *stipitatum*

長野県	VU
環境省	—

生活形　多年草

花の色　暗紫色（萼片、花糸）

高　さ　8～20㎝

生育地　高山帯の砂礫地や乾いた草地

分　布　北信、南信。本州（谷川岳、北アルプス、八ヶ岳、南アルプス）

特　徴　2～3回3出の複葉をつけるが、小葉は幅3～8㎜と小さい。花は茎の先端に10個ほどが総状につく。花期は7～8月。

危惧要因　個体数が少ない。踏みつけ

コケコゴメグサ　ゴマノハグサ科（ハマウツボ科）

Euphrasia kisoalpina

長野県	EN
環境省	VU

生活形 一年草
花の色 白色
高　さ 3～6㎝
生育地 高山帯の風衝草原
分　布 南信。本州（中央アルプス固有種）
特　徴 小型でコケのようであることから名付けられた。全体に腺毛がある。花は長さ3.5～5.5㎜。葉はやや肉質で長さ3～5㎜、幅2.5～4.5㎜。花期は8月。
危惧要因 生育地が限定

ウルップソウ　ゴマノハグサ科（オオバコ科）

Lagotis glauca

長野県	EN
環境省	NT

生活形 多年草
花の色 青紫色
高　さ 10 ～ 30㎝
生育地 高山の草原や砂礫地
分　布 県北部、中部。北海道、本州（北アルプス白馬山系、八ヶ岳）
特　徴 葉は丸く、長さ幅とも4 ～ 10㎝、多肉質で光沢がある。茎の先に、長さ約1㎝の花が密な総状の花序をつける。花期は7 ～ 8月。白花品は、シロバナウルップソウ f. *albiflora*という。
危惧要因 自生地が少ない。踏みつけ

シロバナウルップソウ

ユキワリソウ サクラソウ科

Primula modesta

長野県	EN
環境省	—

生活形 多年草
花の色 淡紅紫色
高　さ 5 ～ 15㎝
生育地 亜高山帯の乾性草原および岩場
分　布 県北部、東部。北海道～九州
特　徴 葉は根生し、長さ3 ～ 7㎝、幅1 ～ 2㎝で先は丸く、下部は狭まって柄状になる。葉の裏面は淡黄色の粉状物を密生する。花は径7 ～ 10㎜で、花茎の先に3 ～ 12個つく。花冠の裂片は平開して2浅裂、裂片の基部付近は黄白色。
危惧要因 踏みつけ、植生遷移

クモマミミナグサ　ナデシコ科

Cerastium schizopetalum var. *bifidum*

長野県	EN
環境省	—

高山

生活形 多年草
花の色 白色
高さ 10～20㎝
生育地 亜高山帯～高山帯の砂礫地
分布 県北部。本州中部地方
特徴 茎には2列の毛が生え、葉は対生で長さ8～20㎜。花は径1～1.5㎝、花弁の先が2裂し、先は丸い。北アルプス北部に見られる。
危惧要因 産地が限定、踏みつけ
類似種 ミヤマミミナグサは、花弁全体が細かく切れ込む。

タカネビランジ　ナデシコ科

Silene keiskei var. *akaisialpina*

長野県	VU
環境省	—

生活形 多年草
花の色 淡紅色
高さ 10～30㎝
生育地 高山帯の岩隙、岩礫地
分布 県南部。本州（南アルプス）
特徴 茎に下向きの曲がった毛があり、上部では腺毛が混じる。葉は長さ1.5～4㎝、幅5～10㎜、先が尖る。花は1～数個、萼に腺毛があり、上向きに咲く。
危惧要因 産地が限定

シコタンハコベ　ナデシコ科

Stellaria ruscifolia

長野県	NT
環境省	VU

生活形 多年草
花の色 白色
高　さ 3 ～ 15㎝
生育地 高山帯の岩礫地
分　布 全県。北海道、本州中部地方
特　徴 全体が灰白色を帯びる。葉は卵形、無柄、長さ0.7 ～ 2.5㎝、幅3 ～ 10㎜。葉の先は鋭く尖る。花は径1 ～ 1.5㎝、茎頂または葉腋に1個つける。
危惧要因 産地がやや少ない

ハゴロモグサ　バラ科

Alchemilla japonica

長野県	VU
環境省	VU

生活形 多年草

花の色 黄緑色

高　さ 20～40㎝

生育地 高山帯の草原

分　布 県北部、南部。北海道、本州（北アルプス・南アルプス）

特　徴 葉は円心形で、径3～7㎝、扇形に折り畳まれ、10～20㎝の長い柄をもって根生する。花序は上方の葉腋につき、花は多数密集する。花には花弁がなく、黄緑色の萼と副萼片が花弁のように見える。花期は7～8月。

危惧要因 産地が限定

ハクロバイ　バラ科

Potentilla fruticosa var. *mandshurica*

長野県	EN
環境省	—

別名▶ギンロバイ

生活形　落葉低木
花の色　白色
高　さ　30 ～ 100㎝
生育地　亜高山帯の石灰岩の岩礫地
分　布　県南部。本州～四国

特　徴　キンロバイに比べて、花冠が白色、小葉がやや大きく、粉白色。
危惧要因　園芸採取
類似種　キンロバイ（別掲p222）

高山

キンロバイ　バラ科

Potentilla fruticosa var. *rigida*

長野県	EN
環境省	VU

生活形 落葉低木

花の色 黄色

高　さ 30 ～ 100㎝

生育地 高山帯の岩礫地

分　布 県南部。北海道～本州（中部地方以北）

特　徴 よく分枝し、1年枝は赤褐色。葉は羽状複葉で、小葉は5個、長さ8 ～ 20㎜、幅3 ～ 7㎜。花は径2 ～ 2.5㎝、上部の葉腋に1 ～ 3個ずつつく。花弁は円形ないし広倒卵形。花期は6 ～ 9月。

危惧要因 園芸採取

類似種 ハクロバイ（別掲p221）

ウラジロキンバイ バラ科

Potentilla nivea

長野県	VU
環境省	VU

生活形 多年草
花の色 黄色
高さ 10～20㎝
生育地 亜高山帯～高山帯の岩礫地
分布 県北部、南部。北海道、本州（中部）
特徴 葉は3小葉で縁に鋸歯がある。葉の裏面に白綿毛が密生し、純白色となる。花は径1.5～2㎝。花期は7～8月。
危惧要因 産地が限定、踏みつけ

カライトソウ　バラ科

Sanguisorba hakusanensis

長野県	EN
環境省	—

生活形 多年草
花の色 紅紫色
高　さ 40 ～ 80㎝
生育地 亜高山帯の草原
分　布 県北部。本州の日本海側
特　徴 根生葉は数個、長さ25 ～ 40㎝で9～13個の小葉をつける。小葉は長さ4 ～ 6㎝。花穂は長く6 ～ 10㎝、湾曲して下垂する。花は、花穂の上から咲く。花期は8 ～ 9月。
危惧要因 産地が限定
類似種 北アルプス八方尾根（白馬村）では、カライトソウとミヤマワレモコウの雑種ハッポウワレモコウが知られる。

タカネトウウチソウ　バラ科

Sanguisorba stipulata

長野県	CR
環境省	—

生活形 多年草
花の色 白色
高さ 40～80㎝
生育地 高山帯の草原
分布 県北部。北海道～本州中部地方以北
特徴 根生葉は羽状複葉で小葉11～13個。花穂は普通1個で頂生し、長さ4～10㎝、円柱形で直立する。花は花序の下から咲く。

危惧要因 産地が限定
類似種 北アルプス雪倉岳周辺には、タカネトウウチソウとカライトソウ（別掲p224）の交雑種とされるユキクラトウウチソウが見られる。

ユキクラトウウチソウ

タテヤマキンバイ　バラ科

Sibbaldia procumbens

長野県	NT
環境省	—

生活形 多年草
花の色 黄色
高　さ 1～10㎝
生育地 高山帯の砂礫地
分　布 北信、中信、南信。北海道・本州中部地方
特　徴 背丈が低くマット状に広がる。葉は3小葉からなり灰緑色。小葉は、長さ6～20㎜、幅4～13㎜。小葉の先には3～5歯がある。花は径8㎜前後で、花弁は長さ1～1.5㎜、線形のため目立たない。花期は7～8月。
危惧要因 産地がやや少ない

ミヤマビャクシン　ヒノキ科

Juniperus chinensis var. *sargentii*

長野県	VU
環境省	—

生活形 常緑低木

花の色 –

高　さ 50㎝以下

生育地 低山帯～高山帯の岩上

分　布 県北部、東部、南部。北海道～九州

特　徴 幹は著しく匍匐(ほふく)し、枝は斜上する。葉は鱗片状で、若木ではまれに針状葉がある。花期は6月。

危惧要因 園芸採取

リシリオウギ　マメ科

Astragalus secundus

長野県	VU
環境省	VU

生活形 多年草

花の色 黄白色

高　さ 15 ～ 30㎝

生育地 高山帯の草原

分　布 県北部、南部。北海道、本州中部地方

特　徴 葉は羽状複葉で、小葉は狭卵形で7 ～ 11枚。高山帯に生育するこの仲間では、最も小葉の幅が広く、小葉が少ない。花は長さ1.5 ～ 1.7㎝。萼筒は無毛、またはまばらに毛があり、縁にだけ黒毛が密生する。

危惧要因 踏みつけ、植生遷移

クモマグサ　ユキノシタ科

Saxifraga merkii var. idsuroei

長野県	EN
環境省	—

生活形 多年草
花の色 白色
高さ 2～10㎝
生育地 高山帯の砂礫地
分布 県北部、中部。本州中部地方
特徴 地上茎はよく枝分かれし、下部はマット状に広がる。葉は先端が浅く3裂し、縁毛は0.2～1.2㎜で短い。花は径約1㎝で、花弁は5枚、広卵形。花期は7～8月。
危惧要因 生育地が少ない。踏みつけ

シロウマアサツキ

ユリ科（ヒガンバナ科）

長野県	EN
環境省	—

Allium schoenoprasum var. *orientale*

生活形 多年草
花の色 紅紫色
高　さ 20 ～ 60㎝
生育地 亜高山帯～高山帯の岩礫地、草原
分　布 県北部。北海道・本州中部地方以北
特　徴 葉身は中空で円筒形、径3 ～ 5㎜。花序は径3 ～ 4㎝。花は30 ～ 40個つき、花被片に濃紫色の1脈がある。花期は7 ～ 8月。
危惧要因 園芸採取、踏みつけ
類似種 シブツアサツキは、本州の亜高山帯～高山帯の蛇紋岩地に生え、高さ10 ～ 40㎝と小型で葉身が径1.5 ～ 3㎜と細い。

シロウマチドリ　ラン科

Platanthera hyperborea

長野県　EN
環境省　VU

別名▶ユウバリチドリ

生活形 多年草

花の色 黄緑色

高さ 15～50㎝

生育地 亜高山帯～高山帯のやや湿った草原や林縁

分布 県北部、南部。北海道～本州中部地方以北

特徴 葉は長楕円形で5～8枚が互生し、上方の葉は小さくなる。花は小型で、穂状に多数をつける。唇弁および距は長さ5～7㎜。花期は7～8月。

危惧要因 踏みつけ、園芸採取

高山

オノエラン　ラン科

Chondradenia fauriei

長野県	EN
環境省	—

生活形 多年草

花の色 白色

高　さ 30 ～ 50㎝

生育地 低山～亜高山の林の縁や草原

分　布 全県。本州

特　徴 葉は普通2枚で、長楕円形。花は、茎の先に数個つき、同じ方向を向いて咲く。唇弁の基部に黄色い模様がある。花期は7 ～ 8月。

危惧要因 園芸採取

オノエリンドウ　リンドウ科

Gentianella amarella subsp. *takedae*

長野県	NT
環境省	EN

生活形 多年草
花の色 紫色
高　さ 5～20㎝
生育地 高山帯の草原や砂礫地
分　布 県北部、南部。北海道、本州（中部）
特　徴 葉は長さ1～5㎝、幅3～12㎜、茎に4～7対つける。花は1～10個、茎頂と葉腋につく。花の長さは1.5～2㎝。花冠の裂片は平開し基部に直立する1枚の内片を持つ。
危惧要因 生育地が限定。踏みつけ

タカネリンドウ　リンドウ科

Gentianopsis yabei var. *yabei*

長野県	CR
環境省	NT

別名▶シロウマリンドウ

生活形 超年草
花の色 白色
高　さ 10～40㎝
生育地 高山帯の草地、蛇紋岩地
分　布 北信、本州（北アルプス白馬山系に固有）

特　徴 花は4数性、長さ2.5～3.5㎝、白色で裂片の基部のみ淡青色。茎葉は少数が対になる。
危惧要因 園芸採取、踏みつけ
類似種 裂片が濃紫色の品種ムラサキタカネリンドウがある。

ハッポウタカネセンブリ　リンドウ科

Swertia tetrapetala subsp. *micrantha* var. *happoensis*

長野県	EN
環境省	—

生活形 1年草または越年草
花の色 青紫色
高　さ 10～41㎝
生育地 蛇紋岩地の亜高山帯～高山帯の草原
分　布 県北部。北アルプス白馬山系に固有
特　徴 タカネセンブリより背丈は高いが花の各部はより小さい。萼片の脈は不明瞭。花期は8月。

危惧要因 踏みつけ、産地が限定
類似種 タカネセンブリに比べ、全体的に華奢(きゃしゃ)に見える。

ヒメハナワラビ ハナヤスリ科

Botrychium lunaria

長野県	NT
環境省	VU

生活形 夏緑性シダ

花の色 –

高　さ 5～15㎝

生育地 亜高山帯～高山帯の草地や岩場

分　布 北信、中信、南信。北海道、本州

特　徴 小型のシダで、栄養葉より胞子葉がより高く伸びる。栄養葉の羽片は扇形。

危惧要因 踏みつけ、採集

絶滅危惧種の保護回復と生活史研究

中央アルプスの固有種であるコマウスユキソウ（ヒメウスユキソウ）*Leontopodium shinanense*は、学名に“信濃（Shinano）”とあるように、信州を代表する高山植物の一つである。中央アルプスを世界に向けて紹介したのは、イギリス人のウォルター・ウェストンであるが、その著書『日本アルプス 登山と探検』では、コマウスユキソウについても「色も形もエーデルワイス によく似た」植物として紹介されている。

コマウスユキソウは、分布が限定的であること、また登山者による踏みつけや採取圧が懸念されることなどから、長野県版レッドリストでは絶滅危惧IB類にリストアップされ、県の特別指定希少野生動植物にも指定されている。こうした絶滅のおそれのある植物の保護回復を進めるには、まず、その植物の数の変動や生活史（暮らしぶり）を調べ、適切な保護回復のレシピを考えることが重要となる。

コマウスユキソウについての調査の結果、本種は複数のロゼットが集まった株をつくるが、その株が大きいものほど開花しやすく、開花率は約20～40％であることなどが明らかとなってきた。さらに、その芽生えは非常に小さく＝**写真1**、芽生えから10年程度経過しても非常に小さな株のままで＝**写真2**、開花・繁殖までには非常に長い時間がかかることや開花株の寿命が非常に長いことが推定された。

しかし、絶滅危惧種には、こうした基本的な生態が依然不明な種も多い。そのため、今後の保護回復に向けては、県内での分布・生育状況に加えて、その生活史研究の進展も望まれる。　（尾関）

写真1　コマウスユキソウの実生（点線内）。高さ、葉の長さとも1～2㎜

写真2　コマウスユキソウの約10年生の株（点線内）。ロゼットの直径は約1.5㎝

長野県の絶滅危惧植物保全の取り組み

長野県では、2002年の県版レッドデータブック刊行後、県として初めて個別の絶滅危惧種の保護を目的とする「希少野生動植物保護条例」を定め、翌2003年には指定希少野生動植物として52種（うち特別指定希少野生動植物が14種）の植物を、この条例に基づく保護・規制の対象種に定めた。この52種という種の数は、レッドリスト（2014年版）の絶滅危惧種の804種のわずか6.5％だが、同様の条例を制定している全国の都道府県の中で、植物の指定種数としては最も多い数となっている。

長野県では、この条例指定種を中心に、希少野生動植物の保護回復事業に取り組んでいる。

写真１　タデスミレ自生地で採食するニホンジカ（上）と採食されたタデスミレ（下）

植物では、これまで、ヤシャイノデ、タデスミレ、ホテイアツモリ、ササユリ、アツモリソウといった長野県特産の種や、個体数が非常に少なくなった種を中心に保護回復事業計画を策定し、多くの方々と連携して保護回復事業を行っている。

これらの種は共通して、その存続を脅かしている要因に、近年のニホンジカによる採食影響があった＝**写真１**。そのため、多くの種で、緊急的な対策として、植生保護柵設置などのニホンジカ対策の必要性が挙げられた。多くの場合、自生地はアプローチも悪く、防鹿柵の資材の運搬だけでも多大な苦労が伴う中で、保護回復関係者の協働により防鹿柵を設置した結果、いずれの種でも柵内で開花個体が確認あるいは増加しており、緊急的な対策の効果が見られている＝**写真２**。

また、万が一、自生地の消失や、野

写真２　保護回復関係者の協働による防鹿柵設置

写真３　ホテイアツモリの人工増殖。無菌播種による増殖

写真４　開田高原の火入れ後に咲くキジムシロ（チャマダラセセリの食草）

生個体の減少が生じた場合の備えとして、人工増殖技術の開発・育苗も多くの種で取り組まれてきた＝**写真３**。ヤシャイノデでは胞子による人工増殖手法が確立され、育苗個体の野外移植試験が進められている。タデスミレは、難発芽性の種とされていたが、保護回復事業を通じてその発芽条件が明らかにされた。また、この事業によって生じたタデスミレの苗は、国立科学博物館筑波実験植物園、軽井沢町植物園に譲渡され、植物園での生息域外保全個体としても活用されている。

こうした保全の取り組みが一定の効果を上げている一方、課題もある。

まず、条例指定種がレッドリストに掲載された種に対して6.5％と少なく、条例による取り組みが絶滅危惧植物の保護回復に有効に働くのが、ごく一部の種にとどまっている。

また、保護回復事業を行うには、保護回復事業計画を策定する必要があるが、植物については過去10年間で策定されたものが5種のみとなっている。これは、計画策定に生育状況の現状調査や保護回復手法の検討など、多くのコスト・時間を要するため、また同時に脊椎動物、無脊椎動物の保護回復事業の検討も行われることが背景にある。

さらに絶滅危惧種の保全上、その生育地の保全が最も有効かつ優先的な手法であるが、希少野生動植物保護条例に設けられている「生息地等保護区」は、地権者の方々の理解と協力のもとで2015年に指定されたチャマダラセセリ（チョウ類）の生息地1ヵ所に限られている。

なお、チャマダラセセリ保護区では、絶滅危惧植物も多数確認されており、チョウの食草＝**写真４**＝と合わせて絶滅危惧植物保全の効果がある。また、このチャマダラセセリ保護区では、その生息環境である「半自然草原」の管理のための火入れや採草は、規制の対象外としたことから、「自然遷移による生育環境の変化」にさらされている、草原性生物保全のモデル的なケースとしても注目される。

絶滅危惧植物を知るには　～植物園や現地紹介～

長野県の絶滅危惧植物はその名の通り、野外ではなかなか見ることができない。しかし、本書に掲載されているいくつかの植物も含めて、実物を容易にみることができる主な植物園を紹介したい。このほか、小さな植物園もいくつかあるので、インターネット等で探していただき、機会があったらぜひ訪問してほしい。ただ、開花の季節に合わないと花が見られないので、本書や他の図鑑をみて、時期に応じて訪問していただきたい。

軽井沢町植物園

北佐久郡軽井沢町発地1166

まず第一に挙げたいのが、軽井沢町にある町立の植物園である。それほど広くないが、約1,600種の植物が生育しているという。標高1,000mにあり、かなり寒冷地生の植物も見られる。東信なので、この地方に生育している種が多いが、県内外の植物も多い。このうち、長野県版レッドデータリストに記載されている絶滅危惧植物や希少植物が多数生育、あるいは保存栽培されている。植物には名札も付いており、県内で最も充実した野生植物園といえる。“生きた植物図鑑”的存在として、植物園そのものが貴重な存在である。なお、この同園に生育する植物の図鑑（全3巻）も刊行されている。

【休園】12月26日～翌年3月31日
【電話】0267-48-3337

つどいの里 八ヶ岳山野草園

茅野市北山柏原3011

大門街道沿いにある山野草園。入り口では山野草を販売し、裏山が野生植物園となっている。山林を切り開いて、多くの野生植物を植栽しているとともに、当地に自生する野草も多数見られる。遊歩道を歩いて園地の植物を観察できる。圧巻は、5月に開花するヤマシャクヤクとクマガイソウの大群落。なお、施設名に「八ヶ岳」とあるが、高山植物はない。季節に応じていろいろな野草が開花し、四季を通じて楽しめる。絶滅危惧植物もかなり生育している。

【休園日】年末年始
【電話】0266-77-5310

白馬五竜高山植物園

北安曇郡白馬村神城

スキー場のゲレンデを、夏季は植物園として開放している。ゴンドラで標高1,500mの終点に着くと、目の前に広大な植物園が広がる。下方は主に高原植物であり、植栽種だけでなく、当地に自生する植物が多い。上方は高山植物が主となり、特にコマクサの大群落は有名。さまざまな高山植物が植栽されているが、いくつかの絶滅危惧植物も見られる。高山帯の環境を擬した高山植物生態園もある。なお、外国産の植物、青いケシやヒマラヤ、ヨーロッパアルプスの高山植物が植栽されている園地もあり、日本の高山植物との比較もできる。いずれも遊歩道が整備されている。

【営業期間】6月中旬～ 10月下旬
【電話】0261-75-2101

志賀高原　東館山高山植物園

下高井郡山ノ内町平穏

1960（昭和35）年開設の、歴史ある高山植物園。志賀高原の東館山の山頂にある高山植物園（標高2,000m）で、発哺（ほっぽ）温泉からゴンドラで簡単に行くことができる。ゴンドラを降りると、すぐ目の前が植物園。高原植物も含め、500種が植栽また自生している。絶滅危惧植物は多くはないが、遊歩道を歩いて身近に高山植物などを見られる。東斜面のニッコウキスゲは大群落が見事。

【営業期間】6月～10月
【電話】0269-34-2301

北志賀竜王山野草ガーデン

下高井郡山ノ内町夜間瀬

竜王マウンテンパーク（スキー場）の夏季のゲレンデを利用した小規模な高山植物園で、ゴンドラに乗って容易に行ける。小規模ながらロックガーデンもあり、絶滅危惧植物がいくつか植栽されている。

【営業期間】6月～10月
【電話】0269-33-7131

かんてんぱぱガーデン

伊那市西春近

寒天食品で全国的に有名な伊那食品工業本社・北丘工場の敷地内にある。第一駐車場のすぐ横に、植栽された山野草園がある。規模は小さいが、四季を通じて、いくつかの山野草の絶滅危惧植物を見られる。

【休園日】年末年始
【電話】0265-78-2002

まごめ自然植物園

岐阜県中津川市馬籠

旧・長野県山口村（現・岐阜県中津川市）にある。中山道馬籠宿のすぐ北にあり、里山の自然が保たれている。2haの広い園内には遊歩道がある。やや整備が行き届いていないが、湿原を主とし、暖帯の植物もある。長野県の絶滅危惧植物も含め、約300種が生育するほぼ自然の植物園である。

【電話】0573-69-2701

そのほか…… 登山道や歩道沿いで見られる場所

北アルプス白馬岳をはじめとする白馬連峰は、わが国でも最も高山植物の種類が多い山岳であり、多くの絶滅危惧植物や希少植物が生育している。隣接する蛇紋岩地域の八方尾根（白馬村）は特殊植物が多く、自然研究路を歩いて、さまざまな絶滅危惧植物を観察できる。栂池湿原は歩道沿いにいくつかの湿原生の絶滅危惧植物が生育している。

南アルプス仙丈ヶ岳は、南アルプス林道バスの終点「北沢峠」から登山道を行くと、針葉樹林を抜けて高山帯の山頂までが、森林生の植物や高山植物の宝庫。いくつかの森林生や高山植物の絶滅危惧植物が見られる。八ヶ岳や秩父山系、中央アルプス駒ヶ岳も同様である。

草原では、霧ヶ峰高原に多数の草原生の絶滅危惧植物が存在。森林では木曽国有林内の赤沢自然休養林（上松町）、湿原では菅平湿原（上田市）などに絶滅危惧植物が見られる。

そのほか、河川では、天竜川やその支流の大田切川（河原植物、河岸植物）、梓川（河畔林）、戸台川（河原植物）などでも、絶滅危惧植物が自生する。

いずれも登山道、歩道以外は立ち入り禁止。危険な場所にも決して立ち入らないようにしてほしい。

長野県レッドリスト（維管束植物編）2014年改訂版

○：2014年改訂版で新規に追加されたもの
↑：ランクアップ（絶滅の危険度が増した）種
↓：ランクダウン（絶滅の危険度が減少した）種
◇：情報不足（DD）から変更された種
◆：情報不足（◇）へ変更された種

●絶滅（EX）

1		イノモトソウ科	アマクサシダ
2		ヒメウラボシ科	キレハオオクボシダ
3		クスノキ科	カゴノキ
4		キンポウゲ科	オオイチョウバイカモ
5		アブラナ科	ハナハタザオ
6		ツツジ科	ウバウルシ
7		リンドウ科	イヌセンブリ
8		シソ科	ヒメハッカ
9		シソ科	コナミキ
10		ゴマノハグサ科	オオアブノメ
11		ハマウツボ科	ナンバンギセル
12		キク科	キタダケヨモギ
13		キク科	イズハハコ
14		オモダカ科	マルバオモダカ
15		トチカガミ科	トチカガミ
16		イバラモ科	ヒメイバラモ
17		ホシクサ科	クロホシクサ
18		ラン科	オオミズトンボ

●野生絶滅（EW）

1	↓	キク科	アイズヒメアザミ

●絶滅危惧IA類（CR）

1		ヒカゲノカズラ科	ミズスギ
2		イワヒバ科	コケスギラン
3		ハナヤスリ科	ミヤマハナワラビ
4		コケシノブ科	ハイホラゴケ
5		コバノイシカグマ科	オオフジシダ
6		イノモトソウ科	マツザカシダ
7		チャセンシダ科	シモツケヌリトラノオ
8		オシダ科	ニオイシダ
9		オシダ科	ヌカイタチシダマガイ
10		オシダ科	センジョウデンダ
11		オシダ科	ヤシャイノデ
12		オシダ科	オニイノデ
13		ヒメシダ科	ヨコグラヒメワラビ
14		イワデンダ科	オオヒメワラビモドキ
15		イワデンダ科	ヘラシダ
16		イワデンダ科	キンモウワラビ
17		ウラボシ科	トヨグチウラボシ
18		ウラボシ科	ウロコノキシノブ
19		ウラボシ科	クリハラン
20		ウラボシ科	アオネカズラ
21		マツ科	ヤツガタケトウヒ
22		マツ科	アズサバラモミ
23		クスノキ科	ヤブニッケイ
24		キンポウゲ科	アズミトリカブト
25		キンポウゲ科	イヤリトリカブト
26		キンポウゲ科	オンタケブシ
27	↑	キンポウゲ科	カザグルマ
28		キンポウゲ科	サバノオ
29		キンポウゲ科	ツルシロカネソウ
30		キンポウゲ科	ツクモグサ
31		キンポウゲ科	イチョウバイカモ
32		キンポウゲ科	ヤツガタケキンポウゲ
33		メギ科	トガクシソウ
34	↓	ケマンソウ科	ジロボウエンゴサク
35		ブナ科	アカガシ
36		カバノキ科	エゾハンノキ
37		カバノキ科	サクラバハンノキ
38		カバノキ科	チチブミネバリ
39		ナデシコ科	ハイツメクサ
40		ナデシコ科	ナンブワチガイソウ
41		ナデシコ科	チシマツメクサ
42		ナデシコ科	タカネマンテマ
43		ナデシコ科	カンチヤチハコベ
44	○	ナデシコ科	イトハコベ
45		ナデシコ科	アオハコベ
46		タデ科	エゾノミズタデ
47		タデ科	サデクサ
48		タデ科	ヌマダイオウ
49		ツバキ科	ヒメシャラ
50		オトギリソウ科	アゼオトギリ
51		スミレ科	ヒトツバエゾスミレ
52		スミレ科	チシマウスバスミレ
53		スミレ科	オオバタチツボスミレ
54		スミレ科	コミヤマスミレ
55		スミレ科	アイヌタチツボスミレ
56		スミレ科	タデスミレ
57		スミレ科	シナノスミレ
58		ヤナギ科	エゾノカワヤナギ
59		ヤナギ科	エゾノキヌヤナギ
60		アブラナ科	ヘラハタザオ
61		アブラナ科	ミツバコンロンソウ
62		アブラナ科	ホソバミヤマタネツケバナ
63		アブラナ科	ヤツガタケナズナ
64		アブラナ科	モイワナズナ
65		アブラナ科	トガクシナズナ
66		アブラナ科	オオユリワサビ
67		ツツジ科	コアブラツツジ
68		ツツジ科	ハコネコメツツジ

69		ツツジ科	ヒメツルコケモモ
70		ツツジ科	イワツツジ
71	◇	イチヤクソウ科	エゾイチヤクソウ
72		イワウメ科	ナンカイヒメイワカガミ
73		ヤブコウジ科	カラタチバナ
74		サクラソウ科	クモイコザクラ
75		サクラソウ科	コイワザクラ
76		アジサイ科	コガクウツギ
77		スグリ科	エゾスグリ
78	◇	ベンケイソウ科	イワレンゲ
79		ベンケイソウ科	チチブベンケイ
80		ユキノシタ科	キバナハナネコノメ
81		ユキノシタ科	マルバチャルメルソウ
82		ユキノシタ科	ヒメウメバチソウ
83		ユキノシタ科	ムカゴユキノシタ
84		バラ科	クロミサンザシ
85		バラ科	クロバナロウゲ
86		バラ科	カシオザクラ
87		バラ科	タカネトウウチソウ
88		バラ科	ホザキシモツケ
89		マメ科	タヌキマメ
90		ミソハギ科	ヒメキカシグサ
91		ヒシ科	ヒメビシ
92		ヒシ科	コオニビシ
93		アカバナ科	オオアカバナ
94		アカバナ科	エゾアカバナ
95		トウダイグサ科	マルミノウルシ
96		トウダイグサ科	ヒトツバハギ
97		ヒメハギ科	ヒナノキンチャク
98		ミツバウツギ科	ゴンズイ
99		フウロソウ科	イヨフウロ
100		フウロソウ科	イチゲフウロ
101		ツリフネソウ科	エンシュウツリフネソウ
102		ウコギ科	ミヤマウコギ
103		セリ科	シナノノダケ
104		セリ科	カワラボウフウ
105		リンドウ科	サンプクリンドウ
106		リンドウ科	ヒナリンドウ
107		リンドウ科	コヒナリンドウ
108		リンドウ科	キタダケリンドウ
109	↓	リンドウ科	コケリンドウ
110		リンドウ科	チチブリンドウ
111		リンドウ科	タカネリンドウ
112		リンドウ科	アカイシリンドウ
113		リンドウ科	ヒメセンブリ
114		ガガイモ科	ツルガシワ
115		ガガイモ科	タチガシワ
116		ナス科	アオホオズキ
117	↓	ネナシカズラ科	マメダオシ
118		ムラサキ科	イワムラサキ
119		ムラサキ科	イヌムラサキ
120		ムラサキ科	ムラサキ
121		シソ科	ミカエリソウ
122		シソ科	ミゾコウジュ
123		シソ科	エゾナミキソウ
124		シソ科	イヌニガクサ
125	↓	スギナモ科	スギナモ
126		オオバコ科	ケナシハクサンオオバコ
127		モクセイ科	ヒトツバタゴ
128		ゴマノハグサ科	アブノメ
129		ゴマノハグサ科	シライワコゴメグサ
130		ゴマノハグサ科	イナコゴメグサ
131		ゴマノハグサ科	ヒナコゴメグサ
132		ゴマノハグサ科	スズメハコベ
133		ゴマノハグサ科	ハンカイシオガマ
134		ハマウツボ科	ハマウツボ
135		タヌキモ科	コタヌキモ
136		タヌキモ科	ヤチコタヌキモ
137		タヌキモ科	タヌキモ
138		キキョウ科	イワシャジン
139		アカネ科	ビンゴムグラ
140		アカネ科	ハナムグラ
141		アカネ科	フタバムグラ
142		スイカズラ科	チシマヒョウタンボク
143		スイカズラ科	ダイセンヒョウタンボク
144		キク科	カワラニンジン
145		キク科	ヤマジノギク
146		キク科	ツツザキヤマジノギク
147		キク科	カワラノギク
148		キク科	エゾノタウコギ
149		キク科	バンジンガンクビソウ
150		キク科	ヒメガンクビソウ
151		キク科	シロウマアザミ
152		キク科	ジョウシュウオニアザミ
153		キク科	シドキヤマアザミ
154		キク科	ホソバムカシヨモギ
155		キク科	ヤマタバコ
156		キク科	アオヤギバナ
157		キク科	トガクシタンポポ
158		オモダカ科	アズミノヘラオモダカ
159		オモダカ科	サジオモダカ
160		トチカガミ科	クロモ
161		ホロムイソウ科	ホロムイソウ
162	↓	ホロムイソウ科	ホソバノシバナ
163		ヒルムシロ科	エゾヤナギモ
164		ヒルムシロ科	リュウノヒゲモ
165		イバラモ科	サガミトリゲモ
166		イバラモ科	ホッスモ
167		イバラモ科	イトトリゲモ
168		イバラモ科	イバラモ
169		イバラモ科	トリゲモ
170		イバラモ科	オオトリゲモ
171		サクライソウ科	サクライソウ
172		サトイモ科	イナヒロハテンナンショウ
173		サトイモ科	ヤマトテンナンショウ
174		ウキクサ科	ムラサキコウキクサ
175		ウキクサ科	ヒンジモ
176		ウキクサ科	ヒメウキクサ
177		イグサ科	エゾイトイ
178		イグサ科	タカネイ
179		カヤツリグサ科	アワボスゲ
180		カヤツリグサ科	タルマイスゲ
181		カヤツリグサ科	タカネシバスゲ
182		カヤツリグサ科	クリイロスゲ
183		カヤツリグサ科	ハコネイトスゲ
184		カヤツリグサ科	ウマスゲ
185		カヤツリグサ科	アオバスゲ
186		カヤツリグサ科	センジョウスゲ

187		カヤツリグサ科	アカンスゲ
188		カヤツリグサ科	タチスゲ
189	◇	カヤツリグサ科	チョウセンゴウソ
190		カヤツリグサ科	サワヒメスゲ
191	○	カヤツリグサ科	ヌカスゲ
192		カヤツリグサ科	ホロムイクグ
193		カヤツリグサ科	ミガエリスゲ
194		カヤツリグサ科	マンシュウクロカワスゲ
195		カヤツリグサ科	クグスゲ
196		カヤツリグサ科	イトヒキスゲ
197		カヤツリグサ科	カラフトイワスゲ
198		カヤツリグサ科	タカネナルコ
199		カヤツリグサ科	イッポンスゲ
200		カヤツリグサ科	サヤスゲ
201		カヤツリグサ科	ヒメアオガヤツリ
202		カヤツリグサ科	アオテンツキ
203		カヤツリグサ科	タカネクロスゲ
204		イネ科	ヒメコヌカグサ
205		イネ科	ミギワトダシバ
206		イネ科	オニノガリヤス
207		イネ科	チシマガリヤス
208	◇	イネ科	ヒナザサ
209		イネ科	ヤマムギ
210		イネ科	ヤマオオウシノケグサ
211		イネ科	ムツオレグサ
212		イネ科	アゼガヤ
213		イネ科	トウササクサ
214		イネ科	アワガエリ
215		イネ科	アイヌソモソモ
216		イネ科	ヒゲナガコメススキ
217		イネ科	ホソバドジョウツナギ
218		イネ科	キタダケカニツリ
219		ミクリ科	ホソバウキミクリ
220		ミクリ科	エゾミクリ
221		ミクリ科	オオミクリ
222		ミズアオイ科	ミズアオイ
223		ユリ科	シライトソウ
224		ユリ科	ヒメアマナ
225		ユリ科	ヤマスカシユリ
226		ユリ科	ハナゼキショウ
227		ユリ科	ミカワバイケイソウ
228		アヤメ科	キリガミネヒオウギアヤメ
229		ラン科	イワチドリ
230		ラン科	コアニチドリ
231		ラン科	ミスズラン
232		ラン科	マメヅタラン
233		ラン科	ムギラン
234		ラン科	エビネ
235		ラン科	キンセイラン
236		ラン科	ナツエビネ
237		ラン科	キソエビネ
238		ラン科	サルメンエビネ
239		ラン科	ヒメホテイラン
240		ラン科	ホテイラン
241		ラン科	ユウシュンラン
242		ラン科	タカネアオチドリ
243		ラン科	モイワラン
244		ラン科	コアツモリソウ
245		ラン科	クマガイソウ
246		ラン科	ホテイアツモリ
247		ラン科	アツモリソウ
248		ラン科	セッコク
249		ラン科	キリガミネアサヒラン
250		ラン科	サワラン
251		ラン科	トラキチラン
252		ラン科	アオキラン
253		ラン科	ベニカヤラン
254		ラン科	モミラン
255		ラン科	ベニシュスラン
256		ラン科	ツリシュスラン
257		ラン科	サギソウ
258	↓	ラン科	ムカゴソウ
259		ラン科	コハクラン
260	◇	ラン科	フガクスズムシソウ
261		ラン科	セイタカスズムシソウ
262		ラン科	スズムシソウ
263		ラン科	ヒメスズムシソウ
264		ラン科	クモイジガバチ
265		ラン科	カイサカネラン
266		ラン科	サカネラン
267		ラン科	ヒナチドリ
268		ラン科	ツレサギソウ
269		ラン科	クモラン
270		ラン科	カヤラン
271		ラン科	オオハクウンラン

●絶滅危惧IB類(EN)

1		ヒカゲノカズラ科	チシマヒカゲノカズラ
2		ヒカゲノカズラ科	スギラン
3		イワヒバ科	ヤマクラマゴケ
4		ミズニラ科	ヒメミズニラ
5		ミズニラ科	ミズニラ
6		トクサ科	ミズドクサ
7		コケシノブ科	ヒメハイホラゴケ
8		コケシノブ科	チチブホラゴケ
9		コケシノブ科	キヨスミコケシノブ
10		ホングウシダ科	ホラシノブ
11		ホウライシダ科	ヤツガタケシノブ
12		シシラン科	シシラン
13		シシラン科	ナカミシシラン
14		チャセンシダ科	ヤマドリトラノオ
15		チャセンシダ科	ヌリトラノオ
16		チャセンシダ科	オクタマシダ
17		チャセンシダ科	イヌチャセンシダ
18		オシダ科	ツクシヤブソテツ
19		オシダ科	オクヤマシダ
20	↓	オシダ科	イワヘゴ
21		オシダ科	ギフベニシダ
22		オシダ科	キノクニベニシダ
23		オシダ科	エンシュウベニシダ
24		オシダ科	シロウマイタチシダ
25		オシダ科	イナデンダ
26		オシダ科	タカネシダ
27		オシダ科	オオキヨズミシダ
28		オシダ科	ヒメカナワラビ
29	↓	ヒメシダ科	ホシダ
30		ヒメシダ科	ツクシヤワラシダ

No.	記号	科名	和名
31		イワデンダ科	ムクゲシケシダ
32		イワデンダ科	ウスバミヤマノコギリシダ
33		イワデンダ科	オニヒカゲワラビ
34	◇	イワデンダ科	ノコギリシダ
35		イワデンダ科	キタダケデンダ
36		デンジソウ科	デンジソウ
37		アカウキクサ科	オオアカウキクサ
38	◇	クスノキ科	シロダモ
39		マツモ科	マツモ
40		キンポウゲ科	タカネトリカブト
41		キンポウゲ科	オウレン
42		キンポウゲ科	トウゴクサバノオ
43		キンポウゲ科	オキナグサ
44		キンポウゲ科	ツルキツネノボタン
45		メギ科	ヘビノボラズ
46		メギ科	トキワイカリソウ
47	○	ケマンソウ科	ツルケマン
48		ニレ科	ムクノキ
49		イラクサ科	コケミズ
50		ナデシコ科	タカネミミナグサ
51		ナデシコ科	クモマミミナグサ
52		ナデシコ科	エンビセンノウ
53		ナデシコ科	タチハコベ
54		ナデシコ科	ビランジ
55		ナデシコ科	エゾオオヤマハコベ
56		タデ科	ヤナギヌカボ
57	↓	ボタン科	ベニバナヤマシャクヤク
58		オトギリソウ科	オオシナノオトギリ
59		スミレ科	アカイシキバナノコマノツメ
60		スミレ科	ヒメミヤマスミレ
61	○	ヤナギ科	チチブヤナギ
62		ヤナギ科	エゾヤナギ
63		ヤナギ科	コエゾヤナギ
64		アブラナ科	クモイナズナ
65		アブラナ科	シロウマナズナ
66		アブラナ科	ミギワガラシ
67		ツツジ科	シロヤシオ
68		ハイノキ科	クロミノニシゴリ
69		サクラソウ科	ユキワリソウ
70		サクラソウ科	シナノコザクラ
71		サクラソウ科	ハイハマボッス
72		サクラソウ科	コツマトリソウ
73		ベンケイソウ科	ムラサキベンケイソウ
74		ベンケイソウ科	アオベンケイ
75		ユキノシタ科	クモマグサ
76		ユキノシタ科	タテヤマイワブキ
77		バラ科	ハクロバイ
78		バラ科	キンロバイ
79		バラ科	リンボク
80		バラ科	コジキイチゴ
81		バラ科	カライトソウ
82		マメ科	シロウマエビラフジ
83		マメ科	ヤマフジ
84		ジンチョウゲ科	ナニワズ
85		アカバナ科	アシボソアカバナ
86		アカバナ科	ミズユキノシタ
87		ツゲ科	ツゲ
88		トウダイグサ科	ノウルシ
89		トウダイグサ科	ヒメナツトウダイ
90		クロウメモドキ科	ヨコグラノキ
91		ブドウ科	アマヅル
92	◇	アマ科	マツバニンジン
93		カエデ科	クロビイタヤ
94		カエデ科	シバタカエデ
95		フウロソウ科	カイフウロ
96		フウロソウ科	コフウロ
97		フウロソウ科	ビッチュウフウロ
98	↓	セリ科	イワニンジン
99		セリ科	ホソバハナウド
100		セリ科	オオバチドメ
101	↓	マチン科	アイナエ
102		リンドウ科	タカネセンブリ
103	↓	リンドウ科	ハッポウタカネセンブリ
104		ガガイモ科	コバノカモメヅル
105		ムラサキ科	ルリソウ
106		クマツヅラ科	コムラサキ
107		シソ科	ヤマジオウ
108		シソ科	キソキバナアキギリ
109		ゴマノハグサ科	ホソバコゴメグサ
110	↓	ゴマノハグサ科	コケコゴメグサ
111		ゴマノハグサ科	ウルップソウ
112		ゴマノハグサ科	キクモ
113		ゴマノハグサ科	クチナシグサ
114		ゴマノハグサ科	ゴマノハグサ
115		ゴマノハグサ科	イナサツキヒナノウスツボ
116		ゴマノハグサ科	ヤマルリトラノオ
117		ゴマノハグサ科	キタダケトラノオ
118		ハマウツボ科	オオナンバンギセル
119		ハマウツボ科	ケヤマウツボ
120		ハマウツボ科	ヤマウツボ
121		ハマウツボ科	キヨスミウツボ
122		タヌキモ科	ホザキノミミカキグサ
123		キキョウ科	ミョウギシャジン
124		キキョウ科	シライワシャジン
125		スイカズラ科	スルガヒョウタンボク
126		スイカズラ科	マルバヨノミ
127		スイカズラ科	ニッコウヒョウタンボク
128		スイカズラ科	ソクズ
129		スイカズラ科	キバナウツギ
130		オミナエシ科	カノコソウ
131		オミナエシ科	ツルカノコソウ
132		キク科	ハハコヨモギ
133		キク科	エゾノキツネアザミ
134		キク科	ハッポウアザミ
135		キク科	ハリカガノアザミ
136		キク科	ヒダアザミ
137		キク科	オオイワインチン
138		キク科	スイラン
139		キク科	オゼミズギク
140		キク科	ミズギク
141		キク科	ミヤマイワニガナ
142		キク科	カワラウスユキソウ
143	↓	キク科	コマウスユキソウ
144		キク科	ホクチアザミ
145		キク科	イナトウヒレン
146		キク科	マルバミヤコアザミ
147		キク科	カントウタンポポ
148		オモダカ科	アギナシ

149		トチカガミ科	スブタ
150		トチカガミ科	セキショウモ
151		ヒルムシロ科	ホソバヒルムシロ
152		ヒルムシロ科	エゾノヒルムシロ
153		ヒルムシロ科	センニンモ
154		ヒルムシロ科	ササバモ
155		サトイモ科	カミコウチテンナンショウ
156		サトイモ科	ヒメカイウ
157	↑	ホシクサ科	アズミイヌノヒゲ
158		ホシクサ科	エゾホシクサ
159		イグサ科	オカスズメノヒエ
160		カヤツリグサ科	クロカワズスゲ
161		カヤツリグサ科	クロボスゲ
162		カヤツリグサ科	アゼナルコ
163	◇	カヤツリグサ科	ヒロハノオオタマツリスゲ
164	○	カヤツリグサ科	スナジスゲ
165	◇	カヤツリグサ科	クジュウツリスゲ
166		カヤツリグサ科	ハタベスゲ
167		カヤツリグサ科	アサマスゲ
168		カヤツリグサ科	トマリスゲ
169		カヤツリグサ科	エゾツリスゲ
170		カヤツリグサ科	アオジュズスゲ
171		カヤツリグサ科	ダケスゲ
172		カヤツリグサ科	ツルカミカワスゲ
173		カヤツリグサ科	オノエスゲ
174		カヤツリグサ科	エゾサワスゲ
175		カヤツリグサ科	ヌマガヤツリ
176		カヤツリグサ科	シロガヤツリ
177		カヤツリグサ科	スジヌマハリイ
178		カヤツリグサ科	クロヌマハリイ
179		カヤツリグサ科	ヒメマツカサススキ
180		カヤツリグサ科	コホタルイ
181		カヤツリグサ科	ツルアブラガヤ
182		イネ科	セトガヤ
183		イネ科	ミヤマハルガヤ
184		イネ科	タカネウシノケグサ
185		イネ科	タカネソモソモ
186		イネ科	ウキガヤ
187		イネ科	シナノカリヤスモドキ
188		イネ科	ヒロハノコヌカグサ
189		イネ科	タカネタチイチゴツナギ
190		イネ科	チョウセンタチイチゴツナギ
191		イネ科	イトイチゴツナギ
192		イネ科	タニイチゴツナギ
193	◇	イネ科	ヒエガエリ
194		イネ科	フォーリーガヤ
195		イネ科	ウシクサ
196		イネ科	ヒロハノハネガヤ
197		イネ科	ミヤマカニツリ
198		ミクリ科	ナガエミクリ
199		ミクリ科	ヒメミクリ
200		ユリ科	シロウマアサツキ
201		ユリ科	イワホトトギス
202		ヤマノイモ科	コシジドコロ
203		ラン科	キンラン
204		ラン科	オノエラン
205		ラン科	キバナノアツモリソウ
206		ラン科	タカネフタバラン
207	○	ラン科	エゾサカネラン
208		ラン科	ヨウラクラン
209		ラン科	カモメラン
210		ラン科	ウチョウラン
211		ラン科	ニョホウチドリ
212		ラン科	タカネトンボ
213		ラン科	ヒロハトンボソウ
214		ラン科	シロウマチドリ
215		ラン科	オオキソチドリ
216		ラン科	ナガバキソチドリ
217		ラン科	ミヤマチドリ
218		ラン科	ガッサンチドリ
219		ラン科	ヤマトキソウ
220		ラン科	ヤクシマヒメアリドオシラン
221		ラン科	シナノショウキラン

●絶滅危惧II類（VU）

1		ホウライシダ科	ヒメウラジロ
2	↓	イノモトソウ科	オオバノハチジョウシダ
3		チャセンシダ科	トキワトラノオ
4	↓	オシダ科	オオカナワラビ
5		オシダ科	イワカゲワラビ
6		オシダ科	チャボイノデ
7	↓	オシダ科	カタイノデ
8		ウラボシ科	クラガリシダ
9		ウラボシ科	イワオモダカ
10		サンショウモ科	サンショウモ
11		マツ科	ヒメマツハダ
12		マツ科	ヒメバラモミ
13		ヒノキ科	ミヤマビャクシン
14		ウマノスズクサ科	マルバウマノスズクサ
15		ウマノスズクサ科	ウマノスズクサ
16		マツブサ科	サネカズラ
17		キンポウゲ科	センウズモドキ
18		キンポウゲ科	ミョウコウトリカブト
19	↓	キンポウゲ科	エンコウソウ
20		キンポウゲ科	セツブンソウ
21	↓	キンポウゲ科	ミスミソウ
22	○	キンポウゲ科	ヒキノカサ
23		キンポウゲ科	ヒメカラマツ
24		キンポウゲ科	イワカラマツ
25		キンポウゲ科	ノカラマツ
26		シラネアオイ科	シラネアオイ
27	↓	ケシ科	ヤマブキソウ
28		イラクサ科	タチゲヒカゲミズ
29		ブナ科	ナラガシワ
30		カバノキ科	カワラハンノキ
31		カバノキ科	ジゾウカンバ
32		ヤマゴボウ科	マルミノヤマゴボウ
33		ナデシコ科	タカネビランジ
34		ナデシコ科	オオビランジ
35		ボタン科	ヤマシャクヤク
36		スミレ科	ヤツガタケキスミレ
37		アブラナ科	ハクセンナズナ
38		サクラソウ科	ノジトラノオ
39		サクラソウ科	サクラソウ
40		スグリ科	ヤシャビシャク
41		ベンケイソウ科	タコノアシ
42		ベンケイソウ科	マルバマンネングサ

43		ベンケイソウ科	チチッパベンケイ
44		ユキノシタ科	ハナネコノメ
45	◇	ユキノシタ科	ヒダボタン
46		ユキノシタ科	タチネコノメソウ
47		ユキノシタ科	シラヒゲソウ
48		バラ科	ハゴロモグサ
49		バラ科	ウラジロキンバイ
50		バラ科	カラフトイバラ
51		マメ科	リシリオウギ
52		ミソハギ科	ミズマツバ
53		アカバナ科	トダイアカバナ
54		トウダイグサ科	ニシキソウ
55		クロウメモドキ科	ホナガクマヤナギ
56		カエデ科	ハナノキ
57		セリ科	ミヤマニンジン
58		セリ科	ヤマナシウマノミツバ
59		リンドウ科	ムラサキセンブリ
60		ガガイモ科	フナバラソウ
61		ガガイモ科	シロバナカモメヅル
62		ナス科	オオマルバノホロシ
63		ナス科	ハダカホオズキ
64	↓	ミツガシワ科	アサザ
65		ムラサキ科	エゾムラサキ
66	↓	シソ科	ムシャリンドウ
67	↓	シソ科	フトボナギナタコウジュ
68		シソ科	チシマオドリコソウ
69		シソ科	アキチョウジ
70	↓	シソ科	タカクマヒキオコシ
71	↓	シソ科	イヌヤマハッカ
72		シソ科	マネキグサ
73	↓	シソ科	シナノアキギリ
74		シソ科	ダンドタムラソウ
75	↓	シソ科	エゾタツナミソウ
76	○	シソ科	ミヤマナミキ
77		ゴマノハグサ科	ウリクサ
78		ゴマノハグサ科	オニシオガマ
79		ゴマノハグサ科	イヌノフグリ
80		キツネノマゴ科	ハグロソウ
81		タヌキモ科	ミミカキグサ
82		タヌキモ科	ヒメタヌキモ
83		タヌキモ科	ムラサキミミカキグサ
84		アカネ科	ヤツガタケムグラ
85		スイカズラ科	クロミノウグイスカグラ
86		スイカズラ科	ハナヒョウタンボク
87	↓	スイカズラ科	ツキヌキソウ
88		キク科	アサギリソウ
89		キク科	ミヤマヨメナ
90		キク科	カントウヨメナ
91		キク科	ダイニチアザミ
92		キク科	リョウノウアザミ
93		キク科	ミヤマホソエノアザミ
94		キク科	オニオオノアザミ
95		キク科	キセルアザミ
96		キク科	ワタムキアザミ
97	↑	キク科	アズマギク
98		キク科	タカサゴソウ
99		キク科	カワラニガナ
100		キク科	ムラサキニガナ
101		キク科	ヒメヒゴタイ
102		キク科	ヤマボクチ
103		キク科	ウスギタンポポ
104	○	キク科	オナモミ
105		オモダカ科	ウリカワ
106		トチカガミ科	ミズオオバコ
107	○	ヒルムシロ科	コバノヒルムシロ
108		ヒルムシロ科	ヤナギモ
109		ヒルムシロ科	ヒロハノエビモ
110		ヒルムシロ科	イトモ
111	○	サトイモ科	ミミガタテンナンショウ
112		サトイモ科	ウラシマソウ
113	↓	サトイモ科	ナベクラザゼンソウ
114		ホシクサ科	クロイヌノヒゲモドキ
115		ホシクサ科	ホシクサ
116		ホシクサ科	オオムラホシクサ
117		イグサ科	ミクリゼキショウ
118		イグサ科	ミヤマスズメノヒエ
119		カヤツリグサ科	ヒナスゲ
120	↓	カヤツリグサ科	サヤマスゲ
121	◇	カヤツリグサ科	ミセンアオスゲ
122		カヤツリグサ科	シラカワスゲ
123		カヤツリグサ科	ナガエスゲ
124		カヤツリグサ科	マメスゲ
125		カヤツリグサ科	エゾハリスゲ
126		カヤツリグサ科	ヒゲハリスゲ
127		カヤツリグサ科	シズイ
128		カヤツリグサ科	コシンジュガヤ
129		イネ科	ユキクラヌカボ
130		イネ科	オオヒゲガリヤス
131		イネ科	イヌカモジグサ
132		イネ科	イワタケソウ
133	↓	イネ科	ミノボロ
134		ミクリ科	ミクリ
135		ミクリ科	タマミクリ
136	↓	ユリ科	アマナ
137		アヤメ科	ヒメシャガ
138		ラン科	ツチアケビ
139	↑	ラン科	ミズトンボ
140		ラン科	アオフタバラン
141		ラン科	ミヤマフタバラン
142		ラン科	ヒメムヨウラン
143		ラン科	マンシュウヤマサギソウ
144		ラン科	タカネサギソウ
145		ラン科	トキソウ
146		ラン科	ショウキラン

●準絶滅危惧(NT)

1		ヒカゲノカズラ科	ヤチスギラン
2	○	トクサ科	イヌスギナ
3	↓	ハナヤスリ科	オオハナワラビ
4		ハナヤスリ科	ヒメハナワラビ
5	○	チャセンシダ科	イチョウシダ
6	↓	オシダ科	キヨスミヒメワラビ
7	○	オシダ科	キヨズミオオクジャク
8	○	イワデンダ科	エビラシダ
9		ヒメウラボシ科	オオクボシダ
10		マツ科	イラモミ
11		イチイ科	キャラボク

12	↓	ウマノスズクサ科	ミヤマアオイ
13		ウマノスズクサ科	ヒメカンアオイ
14		スイレン科	コオホネ
15		ジュンサイ科	ジュンサイ
16	↓	キンポウゲ科	キタザワブシ
17		キンポウゲ科	フクジュソウ
18	○	キンポウゲ科	イチリンソウ
19	○	キンポウゲ科	レンゲショウマ
20		キンポウゲ科	アズマシロカネソウ
21		キンポウゲ科	チチブシロカネソウ
22	○	キンポウゲ科	シキンカラマツ
23	○	キンポウゲ科	キンバイソウ
24		メギ科	オオバメギ
25	↓	ケマンソウ科	エゾエンゴサク
26	↓	マンサク科	キリシマミズキ
27		ユズリハ科	ユズリハ
28	↓	イラクサ科	ヒメウワバミソウ
29	○	ブナ科	フモトミズナラ
30		カバノキ科	ヤエガワカンバ
31	○	アカザ科	ミドリアカザ
32		ナデシコ科	タガソデソウ
33		ナデシコ科	シコタンハコベ
34		タデ科	ハルトラノオ
35	○	タデ科	トヨボタニソバ
36	○	マタタビ科	ウラジロマタタビ
37		オトギリソウ科	アカテンオトギリ
38	○	シナノキ科	カラスノゴマ
39	○	スミレ科	マキノスミレ
40		ヤナギ科	ケショウヤナギ
41		ヤナギ科	コマイワヤナギ
42		アブラナ科	クモマナズナ
43		ツツジ科	ヒメシャクナゲ
44		ツツジ科	キョウマルシャクナゲ
45	○	ツツジ科	サツキ
46		ツツジ科	ダイセンミツバツツジ
47		ツツジ科	オオバツツジ
48		ツツジ科	アカヤシオ
49	○	サクラソウ科	ギンレイカ
50		サクラソウ科	ヤナギトラノオ
51		ベンケイソウ科	ツメレンゲ
52	↓	ユキノシタ科	ホクリクネコノメ
53	○	ユキノシタ科	ボタンネコノメソウ
54	○	ユキノシタ科	ヨゴレネコノメ
55	○	ユキノシタ科	ヤワタソウ
56		ユキノシタ科	ジンジソウ
57	○	ユキノシタ科	ナメラダイモンジソウ
58		バラ科	チョウセンキンミズヒキ
59	○	バラ科	マメザクラ
60		バラ科	キソキイチゴ
61		バラ科	ハスノハイチゴ
62		バラ科	ミヤマモミジイチゴ
63		バラ科	タテヤマキンバイ
64		マメ科	モメンヅル
65	○	マメ科	サイカチ
66		マメ科	レンリソウ
67		マメ科	ミヤマタニワタシ
68		アリノトウグサ科	フサモ
69	↓	ジンチョウゲ科	チョウセンナニワズ
70		アカバナ科	シロウマアカバナ
71		アカバナ科	ホソバアカバナ
72		マツグミ科	マツグミ
73		ツチトリモチ科	ミヤマツチトリモチ
74		ニシキギ科	ムラサキマユミ
75		モチノキ科	オクノフウリンウメモドキ
76		クロウメモドキ科	ミヤマクマヤナギ
77		カタバミ科	オオヤマカタバミ
78		フウロソウ科	アサマフウロ
79	◇	セリ科	ツボクサ
80		セリ科	クロバナウマノミツバ
81	○	リンドウ科	ハルリンドウ
82		リンドウ科	オノエリンドウ
83		リンドウ科	ホソバノツルリンドウ
84	○	リンドウ科	センブリ
85		リンドウ科	テングノコヅチ
86		ガガイモ科	スズサイコ
87	○	ガガイモ科	コカモメヅル
88		ムラサキ科	サワルリソウ
89		ムラサキ科	ツルカメバソウ
90		クマツヅラ科	カリガネソウ
91		シソ科	カイジンドウ
92		シソ科	タチキランソウ
93		シソ科	ツルカコソウ
94		シソ科	ミヤマクルマバナ
95		シソ科	タイリンヤマハッカ
96	○	シソ科	メハジキ
97		シソ科	ヤマジソ
98		シソ科	テイネニガクサ
99	↓	ゴマノハグサ科	サワトウガラシ
100		ゴマノハグサ科	トガクシコゴメグサ
101	○	ゴマノハグサ科	アゼトウガラシ
102		ゴマノハグサ科	タカネママコナ
103		ゴマノハグサ科	ツシマママコナ
104	○	ゴマノハグサ科	オオヒナノウスツボ
105	○	ゴマノハグサ科	ヒキヨモギ
106	○	ゴマノハグサ科	ヒヨクソウ
107		ゴマノハグサ科	グンバイヅル
108		ゴマノハグサ科	カワヂシャ
109		ハマウツボ科	オニク
110		タヌキモ科	イヌタヌキモ
111		キキョウ科	キキョウ
112		スイカズラ科	ココメヒョウタンボク
113		スイカズラ科	オニヒョウタンボク
114		スイカズラ科	ゴマギ
115		キク科	トダイハハコ
116		キク科	タカネコンギク
117		キク科	キソアザミ
118		キク科	ウラジロカガノアザミ
119	○	キク科	キクタニギク
120		キク科	アキノハハコグサ
121		キク科	テバコモミジガサ
122		キク科	オオニガナ
123		キク科	シュウブンソウ
124		キク科	キリガミネトウヒレン
125	○	キク科	ミヤコアザミ
126		キク科	タカネコウリンカ
127		キク科	ヒロハタンポポ
128		トチカガミ科	ヤナギスブタ
129		ヒルムシロ科	ホソバミズヒキモ

130	↓	サトイモ科	ヒトツバテンナンショウ
131		ホシクサ科	クロイヌノヒゲ
132		イグサ科	ミヤマイ
133		カヤツリグサ科	タカネヤガミスゲ
134	○	カヤツリグサ科	イセアオスゲ
135		カヤツリグサ科	ホソバオゼヌマスゲ
136		カヤツリグサ科	サッポロスゲ
137		カヤツリグサ科	ゴンゲンスゲ
138		カヤツリグサ科	アシボソスゲ
139		カヤツリグサ科	クグガヤツリ
140	○	カヤツリグサ科	アオガヤツリ
141	○	カヤツリグサ科	ヒメヒラテンツキ
142	○	イネ科	コウヤザサ
143	○	イネ科	エゾムギ
144		イネ科	アシカキ
145	↓	イネ科	ヒロハヌマガヤ
146		イネ科	ヌメリグサ
147		イネ科	リシリカニツリ
148	○	ユリ科	ユウスゲ
149		ユリ科	ヤマユリ
150		ユリ科	ササユリ
151	○	ユリ科	ホソバノアマナ
152		ユリ科	ホトトギス
153		アヤメ科	カキツバタ
154		ラン科	ギンラン
155		ラン科	イチヨウラン
156		ラン科	カキラン
157	↓	ラン科	アケボノシュスラン
158		ラン科	ヒメミヤマウズラ
159		ラン科	ヒメフタバラン
160	○	ラン科	ホザキイチヨウラン
161	○	ラン科	アリドオシラン
162	↓	ラン科	コケイラン
163	↓	ラン科	ミズチドリ
164		ラン科	オオバノトンボソウ
165		ラン科	コバノトンボソウ
166	○	ラン科	ヒトツボクロ

●情報不足(DD)

1		ミズニラ科	オオバシナミズニラ
2		ハナヤスリ科	ウスイハナワラビ
3		ハナヤスリ科	コハナヤスリ
4		ハナヤスリ科	ハマハナヤスリ
5		シシラン科	イトシシラン
6	○	イノモトソウ科	イワウラジロ
7		オシダ科	フジイノデ
8	◆	マツ科	イイダモミ
9	○	スイレン科	ヒメコオホネ
10		キンポウゲ科	クモマキンポウゲ
11		キンポウゲ科	タカネキンポウゲ
12		タデ科	ウナギツカミ
13		タデ科	ヌカボタデ
14	○	タデ科	カラフトノダイオウ
15		オトギリソウ科	フジオトギリ
16		オトギリソウ科	オクヤマオトギリ
17		オトギリソウ科	コオトギリ
18		オトギリソウ科	ニッコウオトギリ
19	○	オトギリソウ科	ナガサキオトギリ
20		オトギリソウ科	セイタカオトギリ
21		オトギリソウ科	トガクシオトギリ
22		スミレ科	ツルタチツボスミレ
23		スミレ科	ナガバタチツボスミレ
24	○	スミレ科	ヒメアギスミレ
25		ウリ科	カラスウリ
26		アブラナ科	ミチバタガラシ
27		ツツジ科	オオヤマツツジ
28	○	バラ科	ナガボノワレモコウ
29		アリノトウグサ科	タチモ
30		ミソハギ科	ヒメミソハギ
31		ミソハギ科	ミズキカシグサ
32		セリ科	ヨロイグサ
33	◆	セリ科	エゾホタルサイコ
34	◆	シソ科	ナツノタムラソウ
35	○	シソ科	エゾニガクサ
36	◆	ゴマノハグサ科	イワブクロ
37	○	ゴマノハグサ科	サツキヒナノウスツボ
38	◆	ゴマノハグサ科	オオヒキヨモギ
39		キク科	ヌマダイコン
40	◆	キク科	エゾノチチコグサ
41		キク科	オオユウガギク
42		キク科	モミジタマブキ
43		ヒルムシロ科	ツツイトモ
44	○	サトイモ科	マイヅルテンナンショウ
45	○	サトイモ科	ミクニテンナンショウ
46	◆	カヤツリグサ科	ジョウロウスゲ
47		カヤツリグサ科	ヤマオオイトスゲ
48	○	カヤツリグサ科	オオアゼスゲ
49	○	カヤツリグサ科	コミヤマカンスゲ
50	○	カヤツリグサ科	スルガスゲ
51		カヤツリグサ科	ヒメガヤツリ
52	◆	カヤツリグサ科	シログワイ
53	○	カヤツリグサ科	オオフトイ
54		イネ科	ハマムギ
55		イネ科	チャボチヂミザサ
56		イネ科	ハマヒエガエリ
57		ユリ科	クサスギカズラ
58		ラン科	ヒロハツリシュスラン
59	○	ラン科	クロクモキリソウ

●付属資料:絶滅のおそれのある地域個体群(LP)

1		ヤナギ科	カミコウチヤナギ

●付属資料:留意種(N)

1	○	イワデンダ科	テバコワラビ
2	↓	ウマノスズクサ科	コシノカンアオイ
3	↓	キンポウゲ科	ミチノクフクジュソウ
4	○	キンポウゲ科	マンセンカラマツ
5	↓	タデ科	ノダイオウ
6	○	バラ科	アオナシ
7	○	バラ科	サナギイチゴ
8	↓	マメ科	イヌハギ
9	↓	シソ科	キセワタ
10	○	キキョウ科	バアソブ
11	↓	キク科	コウリンカ
12	◇	カヤツリグサ科	ヌイオスゲ

図鑑さくいん

(注)「水湿」は水辺・湿地の略。

主な参考文献

『軽井沢町植物園の花　第1 ～ 3集』軽井沢教育委員会編、ほおずき書籍（2005 ～ 2010）
『原色新日本高山植物図鑑　Ⅰ・Ⅱ』清水建美、保育社（1982、1983）
『信州高山高原の花』今井建樹、信濃毎日新聞社（1992）
『信州の希少植物と森林づくり』社団法人長野県林業コンサルタント協会編、オフィスエム（2011）
『信州の希少生物と絶滅危惧種』長野県自然教育研究会、信濃毎日新聞社（1997）
『信州のシダ』大塚孝一、ほおずき書籍（2004）
『信州の野草』奥原弘人、信濃毎日新聞社（1990）
『長野県植物誌』長野県植物誌編纂委員会、信濃毎日新聞社（1998）
『長野県植物目録　―長野県植物誌改訂に向けてのチェックリスト―（2017年版）』
長野県植物目録編纂委員会（2017）
『長野県版レッドデータブック　～長野県の絶滅のおそれのある野生動植物～ 維管束植物編』
長野県自然保護研究所／長野県自然保護課編、長野県（2002）
『長野県版レッドリスト　～長野県の絶滅のおそれのある野生動植物～ 植物編』
長野県自然保護課／長野県環境保全研究所編、長野県（2014）
『日本のスゲ』勝山輝男、文一総合出版（2005）
『日本の野生植物』佐竹義輔ほか編、平凡社（1982 ～ 1999）
『山渓ハンディ図鑑8　増補改訂新版　高山に咲く花』清水建美編／改訂版監修門田裕一、
山と渓谷社（2014）
『絶滅危惧植物図鑑　レッドデータプランツ』矢原徹一監修／永田芳男写真、山と渓谷社（2003）

あとがき

本書制作の最大の課題は、写真の収集であった。新たな写真撮影は、もともと希少な絶滅危惧種のため県内の生育場所を確認することが難しい。編者はもう老齢を迎え、登山や遠出は難しかった。それでも可能な限り県内各地を回り、植物園にも出向いて撮影した。手持ちの何万枚ものスライド写真や、デジタル写真を一つ一つ当たり、その中から選んだものもある。このため、だいぶ視力が衰えてしまった。なお、これらの写真の中には、一般の人の立ち入りが禁止・制限されている場所に生育している植物もあるが、許可を得て調査を行った際に撮影したものである。私の植物研究のフィールドが主として県中部以北であったため、東信や県南部、南アルプスの写真が少ないことは残念である。

本書を企画した際は、多くの方の協力を得て多くの植物を掲載しようと思ったが、編者としては実物を見たことがあるか、実物を写真に撮ってその生育状況をこの目で確認したかった。そこで、ただ一人、長年ともに県内の植物調査に携わってきた尾関雅章さんに協力をお願いした。尾関さんは私の研究室出身で、在学中のみならず、長野県自然保護研究所（現・環境保全研究所）の研究員となってからも、共に調査を行ってきた。さらに県版レッドデータブック植物編の作成や県版レッドリスト改訂の際に、大変お世話になった。本書では「高山」の担当のほか、いくつかの写真提供、絶滅危惧要因の解説、長野県が行っている絶滅危惧植物の保全対策などを紹介していただいた。厚くお礼を申し上げたい。

先に述べたように、写真撮影のため県内各地を巡ったものの見つからなかったり、開花期が合わず、同じ場所に何度も出向くこともあり、大変苦労したが、その際、常に同行して共に探してくれたり、車の運転をしてくれた家内に謝意を表したい。なお、多くの情報や助言をいただいた藤田淳一氏、千葉悟志氏、坪井勇人氏、星山耕一氏、大塚孝一氏、書籍化にあたって適切なご指導を下さった信濃毎日新聞社出版部の内山郁夫氏にお礼申し上げる。最後に、本書の出版に向けて常に私を励まし続け、今年3月に亡くなった義母の吉野俊子さんに厚く謝意を表したい。

土田 勝義

編著者・執筆者略歴

土田 勝義（つちだ・かつよし）

信州大学名誉教授・理学博士、元信州大学教養部・農学部教授、植物生態学・地域生態学専攻、信州大学文理学部卒。元長野県レッドデータブック作成委員会委員（植物専門部会部会長）、元長野県レッドリスト改訂委員会委員（植物専門部会部会長）。

【主な編著書】『長野県の植生』『白馬の自然』『安曇野の自然』『八ヶ岳の自然』（以上編著、信濃毎日新聞社）『白馬の植物と植生』（単著、同）『美ヶ原・霧ヶ峰の植物』『しなの帰化植物図鑑』（以上共著、同）

【本書図鑑部の執筆担当】里地、水辺・湿地、里山、草原、森林、岩場

尾関 雅章（おぜき・まさあき）

長野県環境保全研究所自然環境部研究員、信州大学農学部大学院農学研究科修士課程修了。

【主な編著書】『白馬の自然』（分担執筆、信濃毎日新聞社）『変わりゆく信州の自然』『信州の草原―その歴史をさぐる』（以上分担執筆、ほおずき書籍）

【本書図鑑部の執筆担当】高山

ブックデザイン　髙﨑 伸也

失われゆく植物たち
長野県レッドデータ植物図鑑

2017年7月31日　初版発行

編著者　土田 勝義
発行所　信濃毎日新聞社
　〒380-8546　長野市南県町657番地
　電話 026-236-3377　FAX 026-236-3096（出版部）
印刷所　信毎書籍印刷株式会社
製本所　株式会社渋谷文泉閣

ISBN978-4-7840-7311-5 C0045